全国中医药行业高等教育"十三五"创新教材

化学实验室
安全操作技术与防护

（供中药学、药学等专业用）

主编　李玉贤　纪宝玉　王磊

U0307694

中国中医药出版社
·北　京·

图书在版编目（CIP）数据

化学实验室安全操作技术与防护／李玉贤，纪宝玉，王磊主编 . —北京：中国中医药
出版社，2020.9
全国中医药行业高等教育"十三五"创新教材
ISBN 978-7-5132-5742-8

Ⅰ.①化… Ⅱ.①李… ②…纪 ③王… Ⅲ.①化学实验-实验室管理-安全管理-
中医学院-教材 Ⅳ.①O6-37

中国版本图书馆 CIP 数据核字（2019）第 219462 号

中国中医药出版社出版
北京经济技术开发区科创十三街 31 号院二区 8 号楼
邮政编码　100176
传真　010-64405750
廊坊市晶艺印务有限公司印刷
各地新华书店经销

开本 787×1092　1/16　印张 8.75　字数 191 千字
2020 年 9 月第 1 版　2020 年 9 月第 1 次印刷
书号　ISBN 978-7-5132-5742-8

定价　38.00 元
网址　www.cptcm.com

社 长 热 线　010-64405720
购 书 热 线　010-89535836
维 权 打 假　010-64405753

微信服务号　zgzyycbs

微商城网址　https：//kdt.im/LIdUGr
官 方 微 博　http：//e.weibo.com/cptcm
天猫旗舰店网址　https：//zgzyycbs.tmall.com

如有印装质量问题请与本社出版部联系（010-64405510）

全国中医药行业高等教育"十三五"创新教材

《化学实验室安全操作技术与防护》编委会

主　编　李玉贤　纪宝玉　王　磊

副主编　褚意新　万　焱　王俊敏
　　　　　吕瑞红　刘延霆　胡春月

编　委　马利刚　卢　萍　叶　冰
　　　　　刘　松　刘雅琳　张艳丽
　　　　　陆　松　钟　铮　蔡源源

编写说明

"安全重于一切，责任重于泰山。"2019年5月，教育部印发《关于加强高校实验室安全工作的意见》，要求各地各校深入贯彻落实党中央、国务院关于安全工作的系列重要指示和部署，深刻吸取事故教训，切实增强高校实验室安全管理水平，加强师生实验室安全意识和自救能力，保障校园安全稳定和师生生命安全。

化学是一门以实验为基础的自然学科，化学实验过程中使用的化学试剂品种繁多、性质各异，经常使用易燃、易爆、剧毒、强腐蚀性化学试剂，高温、高压、辐射性仪器设备。在实验过程中稍有疏忽或操作不慎，容易造成失火、爆炸、中毒及化学灼伤、辐射等安全事故。化学实验安全事故一旦发生就很难控制，不仅造成国家财产损失，还可能造成师生人身伤害，对学生的心理也会造成负面影响。因此，对于将要从事药学、化学或相关行业的学生而言，安全意识及安全防护技能是专业素养的重要组成部分。

实验过程中发生的安全事故很多是由学生不规范操作引起的。例如实验装置安装不正确造成化学品溢出或泄漏；有毒有害物质操作没有在通风柜中进行；使用腐蚀性化学品未佩戴防护手套、护目镜；实验废弃物随意倒入垃圾桶或下水道。另外，学生在成长过程中缺乏动手能力训练，实验操作过程中不敢操作、缺乏条理以及实验台面杂乱无章，都极易发生危险。因此，化学、化工、药学类专业学生的安全教育绝不是简单地教会其使用灭火器和如何逃生，还应该包括实验器械的安全使用和防护技能训练。通过本课程学习，帮助学生养成在实验中认真对待实验各个环节、规范操作、正确处理实验废弃物的良好习惯。该课程的学习与训练不仅是后续各门实验课程的安全基础，也是以后从事科学研究工作必备的要求。

《化学实验室安全操作技术与防护》的教学内容主要包括：绪论；化学实验室基础安全设施与防护；实验室用水、用电安全；实验室消防安全；危险化学品安全；化学实验室安全操作；实验室废弃物的安全处理；化学实验事故应急处理。各章后附实验室安全教育试题。

教材编写人员主要为河南中医药大学教师，另根据内容需要，邀请河南省疾病预防控制中心叶冰、遂成药业股份有限公司刘松老师参与相关章节编写。

本教材是从事化学实验教学的老师们根据实验室教学情况和教学经验共同编写的，适用于化学、化工、制药、药学、中药类专业本科生、硕士研究生学习。在本书编写过程中，我们参阅了大量有关实验室安全方面的书籍和文献，参考了国内许多大学实验室安全管理的经验。本书出版得到了河南中医药大学教务处和药学院的大力支持，在此，我们表示衷心的感谢！

鉴于学科发展，错误和遗漏之处在所难免，恳请读者指出，以便再版时修订。

《化学实验室安全操作技术与防护》编委会

2020 年 8 月 10 日

目 录

第一章　绪　论 ▷▷▷▷

第一节　化学实验室的特点及其安全教育的重要性

一、化学实验室的特点

化学是一门以实践为基础的学科，其大部分科学研究与探索都是通过具体化学实验活动进行的。高校化学实验室分为教学实验室和科研实验室两大类。

教学实验室日常由专职实验技术人员负责管理，教学实验课由专职任课教师讲解、指导实验操作，且每个实验都有明确的实验教材，要求学生进实验室前必须预习，书写预习报告，熟悉实验步骤；了解实验过程中可能存在的安全隐患及影响实验结果的注意事项；预测实验过程中可能出现的实验现象和结论。因此，在教学实验中，师生对实验过程中可能出现的安全问题有处理预案和良好的把控能力，相对不容易发生严重的安全事故。

化学实验室是进行科研实验、实训实验课程的场所，其工作主体是教师、研究生、本科学生等，由于化学实验的危险性，相对于其他专业的实验、实践、科研活动而言，安全隐患更大。化学实验的特点可归纳为：

（1）高校化学实验过程中使用的化学试剂品种类多、性质各异，大部分具有易燃、易爆、有毒、有腐蚀性等特性，大多属危险化学品。

（2）化学实验反应时间长，特别是药物合成实验，耗时短则几小时，长则几十小时；而且化学反应往往伴随加热和冷却工艺。

（3）化学实验产生的废液多，且成分复杂，处理不当容易造成污染和危害。

从上述化学实验的特点可以看出，实验室存放的化学试剂品种类多、化学反应时间长、产生的化学垃圾多，如果没有充分了解试剂、药品性质，未高度重视各类反应进程，随意处置化学垃圾等，将可能发生火灾性、爆炸性、毒害性、机电性、设备损坏性，以及环境污染等严重事故。为保证实验室安全，需对初进化学实验室的学生进行安全培训和安全素养教育，并实行实验室教师值班制。

二、化学实验室安全教育的重要性

我国著名的物理学家冯瑞院士曾说："实验室是现代大学的心脏。"化学实验室是医药类高校进行教学和科研的重要基地，是培养高素质药学人才和产生高水平研究成果的主要场所，而化学实验室存放的仪器设备和药品、试剂种类繁多，许多化学药品、试剂易燃、易爆、易致毒或有腐蚀性，很多实验操作存在一定的危险性，稍有不慎极易引发安全事故，甚至会导致连锁式反应，造成严重的人员伤亡和财产损失。为了更好地使化学实验室为教学和科研服务，实验室的安全问题应该放在首位，只有安全才能使实验室的各项工作得以顺利进行。所以大一新生进入实验室的第一堂课应该是实验室安全教育课。

生命没有回头路，事故没有后悔药，实验室安全工作必须常抓不懈，警钟长鸣！

三、教学目的和要求

化学实验室安全操作技术与防护是中药学、药学类等相关专业实验课程的重要内容。学生刚刚迈入大学校门，缺乏必要的安全教育，对于实验过程中出现的突发情况难以正确处理。为了改变这种状况，我们积极开展安全教育活动，督促学生认真学习相关安全知识，强化安全意识，由此，开设化学实验室安全操作技术与防护课程。

（一）教学目的

1. 使学生了解化学实验室存在的安全隐患和防治措施，培养学生的安全实验意识，提高学生实验安全自救意识和知识储备。

2. 使学生养成实验前充分预习，了解实验所用试剂与药品的物理、化学性质和安全特性，明确其安全隐患的习惯。

3. 对学生进行实验仪器规范操作的训练，避免安全事故。

4. 使学生养成合理处置实验室"三废"的习惯，养成正确分类放置、分质处理实验室"三废"的习惯。

（二）教学要求

该课程的学习与训练不仅是后续各门实验课程的安全保证，也是今后从事科学研究工作的基础。要求学生在实验中养成对实验各个环节认真对待、严格要求、规范操作、正确处理实验废弃物的良好习惯。不仅要让学生意识到实验是培养和锻炼自己各方面能力最行之有效的方法，也是培养良好工作习惯与工作作风的途径。

第二节　化学实验室常见事故类型及原因

化学实验室常见事故包括火灾、爆炸、毒害、试剂灼伤、玻璃扎伤、触电、渗漏水灾等。

1. 火灾事故

火灾事故是化学实验室常见事故之一，造成火灾事故的原因既有人为因素，也有物料原因。人为原因可有疏忽，如学生做完实验后忘记关闭电源或在实验过程中长时间离开实验岗位，致使实验仪器或药品长时间加热而引起燃烧。或错误操作，如误将火源接触易燃药品引起着火；用酒精灯引燃另一只酒精灯，或向燃着的酒精灯里添加酒精，或用嘴吹熄酒精灯等。物料原因主要是药品存放不当或电气设备线路老化引起失火等。

2. 爆炸事故

爆炸事故往往是由实验者违反操作规程，引燃易燃物品后不能有效控制引发的，多因储存大量药品造成。另外爆炸事故还可能发生在压力容器的使用过程中，如压力容器超期使用或操作失误导致易燃易爆危险品泄漏而引起爆炸事故等。

3. 毒害事故

毒害事故也是化学实验室常见事故，主要由下述原因造成。第一，化学实验室存放有毒化学试剂、药品较多，学生违反操作规程，加之安全意识淡薄等原因造成。如在实验过程中防护不够，甚至有学生将食物带进实验室，造成误食中毒。第二，实验室有毒气体泄漏或废气排出不畅也是造成毒害事故发生的重要原因。第三，实验过程中闻气味时，未用手轻轻地在瓶口扇动，而将鼻子凑到集气瓶口吸入气体，也可能造成胸部疼痛、双眼发红、流泪、流涕、咳嗽等不适症状。第四，实验过程中管理不善造成有毒物质散落流失或有毒废弃物未经处理而排放，造成环境污染等。

4. 试剂灼伤

试剂灼伤往往是学生违规使用强酸、强碱，使其沾在皮肤、衣物、眼睛等处，且处理方法不正确、不及时，导致出现严重后果。比如，稀释浓硫酸时，颠倒了操作步骤，将水注入浓硫酸中，大量放热会使液体四处飞溅，造成烧伤。

5. 玻璃扎伤

实验室玻璃扎伤事件经常发生，主要是操作者没有严格按正确操作方法操作，违规连接、组装仪器所致。比如，连接玻璃导管与胶皮管、橡皮塞导致手被刺破；铁架台上固定玻璃瓶不牢、悬空，导致仪器破碎等。

6. 触电事故

触电事故大多是使用电器设备没有遵守严格的操作规程所致。实验室使用电器应注意以下几点：①已损坏的接头、插座、插头或绝缘不良的电线，必须更换。②若电线有裸露的部分必须绝缘。③不要用湿手接触或操作电器。④接好线路后再通电，用后先切断电源再拆线路。⑤一旦遇到有人触电，应立即切断电源，尽快用绝缘物（如竹竿、干木棒、绝缘塑料等）将触电者与电源隔开，切不可用手去拉触电者。

7. 渗漏水灾

化学实验室所用化学试剂大多对自来水管道有腐蚀作用，水管一般在实验台或水池下方，少量渗漏不容易被发现。当水压升高时，可能导致水管崩裂发生水灾，所以实验结束后一定要检查水管情况，避免水灾的发生。

第三节 化学实验室安全责任制度

实验室安全责任制度的建立是实验室安全管理过程中必不可少的环节。管理需要制度，制度可以更好地促进管理，制度建设是管理工作的前提和基础。在制订制度的同时，还要鼓励实验室自查自改、自防自救、自我约束、自我管理，定时对实验室进行安全检查，发现问题，及时整改。

一、实验室管理制度

实验室规章制度是针对实验室管理人员和实验室使用人员制订的，目的是让实验室安全管理日常化，人人重视，天天重视，安全第一。实验室规章制度包括《实验室工作规则》《学生实验守则》《实验室安全防火制度》等，应悬挂在实验室内墙壁上，对进入实验室的老师和学生起到时刻提醒的作用。

（一）《实验室工作规则》

1. 进入实验室的人员要严格遵守实验室的规章制度，保持室内整洁有序。

2. 根据实验教学计划的要求开设实验项目，按照实验教学课表的安排进行实验教学。

3. 使用实验室仪器设备要严格遵守操作规程和安全制度，发现损坏或丢失要立即向主管领导报告并向上级主管部门汇报，按有关制度及时处理。

4. 在实验进行中，实验操作人员不得脱离岗位；必须离开时，应取得主管领导同意并安排其他教师接管，明确责任。

5. 校外单位借用教学实验室或教学实验室仪器设备，需由各实验教学中心同意，报教务处批准。

6. 禁止在实验室内吸烟，严禁使用实验设备加工食物，不得在实验室内存放个人物品。

7. 注意节约用水、用气、用电，严格遵守安全、防火制度，每个实验室设立安全员负责监督检查。

8. 实验结束后，应及时切断水源、电源、气源；处理好实验动物、药品、试剂；并做好场地清洁，仪器设备整理工作。

（二）《学生实验守则》

1. 学生必须按照课程表规定时间到实验室上课，不得迟到、早退。

2. 学生实验前要做好预习，认真阅读实验指导书，复习有关基础理论。

3. 进入实验室必须遵守实验室的规章制度，服从教师指导，保持室内安静、整洁。

4. 实验前应核对实验所用仪器、工具等，未经许可不准动用与本次实验无关的仪器设备。

5. 实验中要听从教师和实验技术人员的指导，严格按照规程进行实验，如实记录，按要求写出实验报告或实验小结。

6. 实验中要注意安全，出现意外事故要及时向教师报告，在教师的指导下，及时迅速地处理事故。

7. 实验过程中，若仪器设备发生故障或损坏，应及时报告教师并主动说明原因，由教师根据情况按有关规定处理。

8. 实验完成后，需整理好使用的仪器设备、实验物品等，经教师或实验技术人员检查后，方可离开实验室。

9. 值日生和最后离开实验室的人员应负责安全检查，关闭水、电、气阀门，锁好门窗。

(三)《实验室安全防火制度》

1. 进入实验室的人员要自觉遵守防火制度，严格执行各项操作规程。

2. 实验室内使用电炉必须放在不燃支架上定点使用，周围严禁有易燃物品，禁止使用没有绝缘隔热底座的电热仪器。

3. 有变压器、电感线圈的设备必须设置在不燃基座上，其散热孔不得覆盖、放置易燃物。

4. 实验室的用电量不得超过额定的负荷。

5. 实验台上不得放置与实验无关的物品；特别是不得放置浓酸或易燃、易爆物品。

6. 实验室所用的各种气体钢瓶、油桶要远离火源，放置在单独、阴凉、通风的房间。

7. 实验结束和下班前，教师和实验技术人员应对实验室进行认真检查，填写实验室使用登记簿，熄灭火源，切断电源后方可离开。

8. 实验室内严禁吸烟，严禁将钥匙私自交给学生或非实验人员。

9. 实验室及准备室要配备符合要求的灭火器材。

10. 定期对实验室工作人员进行安全防火教育。

二、实验室安全责任制度

化学实验室潜在危险较多，发生事故和伤害的可能性较大，实验室安全是学校管理人员、教师以及学生的共同责任。教师应教会学生在紧急情况下如何阻止事故的发生。

(一) 学校管理人员的安全责任

学校管理人员应定期安排实验室管理人员及即将进入实验室的新生进行安全培训，宣讲实验室及实验规则，进行消防实战演习，明确实验室不允许做的事情等。

1. 为确保全体实验人员自身安全，所有进入实验室工作人员要牢固树立"安全第一"的思想。

2. 所有进入实验室工作的教师和学生，在进入实验室工作前都必须完成以下工作，提升学生在化学实验室的安全意识。

(1) 学习各功能实验室的管理制度，明确各项注意事项；

(2) 学习有关安全方面的法规，熟悉有关安全防范措施。

(二) 实验室教师的安全责任

1. 熟悉每一项实验规则，包括如何使用所有的设备，以及了解化学药品的危害和熟悉处理事故的程序等。

2. 在开始实验之前要教会学生使用实验室所有安全应急设备。定期对学生进行安全疏散演练，在学生能看见的位置明各类紧急电话号码。

3. 要严格控制易燃易爆和剧毒危险品的使用，按有关制度办理保管与领用手续，认真执行相应安全措施。

4. 对于一般的化学试剂，要妥善保管，严禁随意把试剂摆放在实验室台面或架子上。

5. 对于易挥发和腐蚀性的试剂，要交付实验室试剂库统一管理，避免腐蚀实验室内的仪器设备。

（三）学生的安全责任

1. 在进入实验室前参加实验室安全培训及实验室安全知识测试。

2. 实验前穿上合适的安全设备（如安全护目镜、面罩、手套和实验服），女生必须把长头发束好，确保束发不会松开。

3. 进实验室时，书包和衣物等与实验无关的物品一律不得带入实验室，更不能放在实验台面和过道上。

4. 实验过程中不能追逐打闹、聊天、玩手机。

5. 不能把食品和饮料带进实验室。

6. 实验用仪器、试剂瓶必须稳妥放在实验台面的中央位置，避免意外发生。

7. 非正式实验（即教师没允许做的实验）应被禁止，所有的实验工作必须受到教师的监督。

8. 发生任何泄漏、伤害和事故都必须向教师汇报。

9. 取用试剂后必须马上盖好瓶盖，避免有毒物质外泄，发生意外。

10. 实验结束后，实验所用试剂必须按要求分类收集、规范储存、及时处置。

11. 绝不允许使用化学药品威胁其他同学。

12. 除非教师授权，不能拿走实验室里的设备、化学药品和实验产品。

13. 学生应熟知紧急出口的位置。

14. 实验结束后，及时整理实验台面，将实验废弃物放入指定容器。

15. 值日生负责公共卫生打扫及公共实验器材的收放，关闭水、电、门窗。老师检查合格后填写实验室使用登记簿。

第二章　化学实验室基础安全设施与防护 ▷▷▷

实验室设计基础设施主要包括：

（1）实验台柜　包括中央实验台、实验台、边台、仪器台、天平台、药品柜、毒品柜、玻璃器皿柜等。

（2）空调通风设施　一般实验室均有空调。通风系统包括通风柜（毒气柜）、固定式排风罩、活动式排风罩、排气扇等。

（3）用水设施　包括化验盆、洗涤池、化验水龙头等。

（4）安全设施　包括消防喷水灭火系统、惰性气体灭火系统、安全柜、紧急事故淋洗器、洗眼器等。

（5）供气设施　包括供气站、供气板、用气板及其管路系统等。

第一节　实验室基础安全设施

在各类实验室中，化学实验室的工作环境最为复杂，对操作人员造成的健康损害也十分严重。教育部《高等学校基础课教学实验室评估标准》对实验室基础安全设施做出了基本规划和宏观要求。

一、废气排放基础设施

化学实验室废气量大，成分比较复杂（尤其是研究性大学，科研项目多，研究生量大，这个问题尤为突出）。目前国内普遍采取高位直排方式排出实验室废气。

化学实验室的室内废气排放设施针对不同实验类型有多种形式：无机和分析实验通常采用桌面吸风罩和悬顶式吸风罩（图2-1）；万向轴吸风罩（图2-2）通常应用于仪器分析实验，如原子吸收分光光度计等大型仪器局部排放废气；通风柜（图2-3）是各类实验室配置试剂最常用的设施。近年来在有机实验场合广泛采用两两相对的台式通风柜装置。这种设施废气排出效率高，柜门可灵活调节，便于实验操作，柜体四壁透明，有利于教师观察和指导，一改过去有机实验室刺激性气体弥漫的旧貌。

图2-1　悬顶式吸风罩　　　　图2-2　万向轴吸风罩　　　　图2-3　通风柜

二、废水排放基础设施

化学废水排放系统由水槽、排水管和消纳池或废液桶（图2-4）组成。水槽通常采用专用陶瓷盆或人造石盆或防酸碱的有机高分子材料。消纳池或废液桶是针对化学实验排放废水中的酸、碱性无机溶液而设立的预处理装置。废水通常在整体上呈酸性，由专人管理并定期投放石灰等碱性物质，中和达标后排放到环境污水系统。

按照实验室评估标准，有机废液也必须专门收集并由具有化学废弃物处理认证资质的厂商进行焚烧处理。尤其是含氯的有机溶液，必须通过1500℃以上的高温燃烧才能分解为二氧化碳、水和氯化氢，若低温燃烧会产生剧毒致癌物质。在实际操作中，绝对禁止因为疏忽或管理不善而将有机废液甚至违禁试剂倒入排水系统。

图2-4　化学实验室废液桶

三、消防自动喷水灭火系统

自动喷水灭火系统（图2-5）由洒水喷头、报警阀组、水流报警装置（水流指示器或压力开关）等组件，以及管道、供水设施组成，能在发生火灾时自动喷水。系统的管道内充满有压水，该系统平时处于准工作状态，场所一旦发生火灾，喷头或报警控制装置探测火灾信号后立即自动启动喷水。

图 2-5　化学实验室消防管道和自动喷水系统喷水

第二节　化学实验常用防护用品

一、呼吸防护

实验过程中，有些化学反应会产生有毒、有害气体，对实验人员造成呼吸道损害，因此需要佩戴个人呼吸防护用品，比较常见的有防毒面具（图2-6）或防毒口罩。具体需要按现场有毒气体的危害程度来选择，如果毒性较大，建议选择防毒面具。

图 2-6　化学实验室防毒面具

1. 防毒面具的佩戴方法

（1）将面罩覆盖在口鼻部，然后将头带置于头顶。

（2）两手拉住头带下方接头，将它们拉至颈后钩住。

（3）调整面罩置于鼻梁下部，以获得最佳的视野与气密性。

（4）先调整上部头带，然后拉颈后头带调节松紧。注意不要拉得太紧！

2. 注意事项

（1）若呼吸器发生损坏，应立即离开污染区域并修复或更换呼吸器。

（2）按照滤棉的使用时间限制更换滤棉。

（3）按照既定的更换时间表更换滤毒盒，或在佩戴者闻到或感到污染物刺激时尽早更换滤毒盒。

二、眼睛及脸部的防护

（一）护目镜或防化眼镜

眼睛及脸部是实验室中最易被事故所伤害的部位，因而对其保护尤为重要。实验室工作环境内，涉及溶液、试剂的实验人员必须戴安全防护目镜（图 2-7）。护目镜可以戴于普通眼镜外。

图 2-7　化学实验室护目镜

（二）紧急洗眼器

在实验过程中，无论何种化学试剂溅入眼内，都应立即就地用大量水冲洗，争取第一时间把对眼睛的伤害降到最低程度，然后再做进一步的处理和治疗。因此，化学实验室中应安装紧急洗眼器。

紧急洗眼器的洗眼喷头上带有过滤装置，用以滤去水中杂物，避免使用者二次感染。此外，喷头上有一防尘盖，平时防尘，使用时可随时被水冲开，用以降低突然打开阀门时短暂的高水压，防止冲伤眼睛。

常用紧急洗眼器有下列 3 种规格型号：

①桌上型紧急洗眼器：这种洗眼器安装在水槽旁边的台面上，单一喷头，洗眼器下面连有 1m 多长的软管，使用时将洗眼器抽出，用手握桶体和把手，稍用力即喷出水。可在器具周围 1m 左右范围内使用，方便灵活，造价也较低（见图 2-8）。

②座式紧急洗眼器：这种洗眼器安装在地面，高 105cm 左右，上部有一洗眼盘，内置两个固定喷头，喷眼水幕高度为 2cm，水幕范围 2.5~11.7cm。使用者向前 45°弯腰，眼睛恰好碰触水源，水幕刚好覆盖双眼，其宽度包含眼睛的内角和外角（见图 2-9）。

③紧急冲淋洗眼器：这种洗眼器是将座式紧急洗眼器的水管从侧面加高至 230cm 左右，在其上端装一个喷淋盘，这样既可用于洗眼，也可用于全身冲淋。

当化学溶剂溅入眼睛后，应立即使用洗眼器彻底冲洗。冲洗时，应将眼皮撑开，小心地用自来水冲洗数分钟，再用蒸馏水冲洗，然后去医务室治疗。

图 2-8　桌上型紧急洗眼器　　　　图 2-9　座式紧急洗眼器

（三）面部防护用具

面部防护用具用于保护脸部和喉部。为了防止可能的爆炸及实验产生的物体飞溅造成冲击伤害，常用面部防护用具为有机玻璃或聚碳酸酯材质的防护面罩或面屏。

三、身体防护

人员进入实验室都必须穿实验服，其目的是在进行实验时保护身体和衣服。一般实验服为长袖、及膝、白色，故亦称白大褂。

四、手部防护

在实验室中为了防止手受到伤害，可根据需要选戴各种手套。当接触腐蚀性物质、边缘尖锐的物体（如碎玻璃、木材、金属碎片）、过热或过冷的物质时均须戴手套。

实验室最常配置的手套为各种材质的防化手套，如聚乙烯、丁腈橡胶、PVC、乳胶手套等。根据材质不同，防化手套可防护的化学品溶剂的等级不同，需按具体使用情况选择。

另外，人员在实验结束后，要使用中性清洁剂反复清洗双手，使用后的防化手套统一集中处理，不能与其他垃圾混放。

本章测试

（一）判断题

1. 实验室内可以抽烟、穿拖鞋或凉鞋。（　　）
2. 实验室内长发的女同学可以不用束发，操作时注意不要沾到试剂即可。（　　）
3. 夏天很热，或者实验室空调坏了，可以不用穿实验服或工作服做实验。（　　）
4. 洗涤泡过酸缸的玻璃仪器时可以不穿工作服，但是必须戴手套。（　　）
5. 非一次性防护手套脱下前必须冲洗干净，而一次性手套脱时须从后向前。（　　）

（二）单选题

1. 可以在化学实验室穿着的鞋是（　　）
   A. 凉鞋　　　　　B. 高跟鞋　　　　　C. 拖鞋　　　　　D. 球鞋
2. 在易燃易爆场所不能穿（　　）
   A. 布鞋　　　　　B. 胶鞋　　　　　C. 带钉鞋　　　　　D. 球鞋
3. 进行危险物质、挥发性有机溶剂、特定化学物质或毒性化学物质等操作实验或研究，说法错误的是（　　）
   A. 必须戴防护口罩　　　　　　　　B. 必须戴防护手套
   C. 必须戴防护眼镜　　　　　　　　D. 无所谓
4. 师生进入生化类实验室工作，一定要搞清楚（　　）等位置，出现情况能做好相应的自救工作。
   A. 门窗的位置
   B. 易燃、易爆物品的位置
   C. 冲眼器、紧急喷淋、急救药箱的位置
   D. 实验台的位置
5. 实验完成后，废弃物及废液应（　　）
   A. 倒入水槽中　　　　　　　　　　B. 分类收集后处理
   C. 倒入垃圾桶中　　　　　　　　　　D. 任意弃置
6. 进入化学清洗间，下列陈述错误的是（　　）
   A. 使用规定类型的手套时，注意检查手套是否破损
   B. 不要用手套碰自己的脸，如果需要扶正眼镜或者整理头发，用胳膊或者肩膀
   C. 严格禁止将头部伸入通风橱
   D. 仅在化学清洗间用自来水或去离子水，不接触化学品，可以不戴防护手套

第三章 实验室用水、用电安全 ▷▷▷

实验室的照明、仪器的正常运转都离不开电力。当短路、突然停电时，会破坏部分仪器，同时也影响科研的可持续性，损失不可估量。因此，安全用电是高校实验室安全的重要组成部分，也是避免实验室火灾事故的关键。

实验室用水安全主要体现在夜间无人看管实验过程中和北方冬季寒假停止供暖期间，此外化学实验室的用水系统也会因管道老化或者阀门脱落引发漏水。

学生进入实验室第一件事就是了解实验室电源开关、水管设备、水阀等水电设备具体位置，每次实验结束应及时清理水槽内部垃圾，防止管道堵塞。定期检查水槽及实验室台面内部水槽，防止堵塞，造成安全隐患。

第一节 实验室用水安全

学生进入实验室前，要加强用水安全教育。实验室管理人员应保证实验室用水设备、设施处于安全状态。日常实验室用水安全应注意：

1. 停水后，检查水龙头是否拧紧。龙头打开状态下发现停水，要随即关上开关。

2. 水龙头或水管漏水等情况都有可能导致实验室设备损坏。目前实验室自来水系统多是暗管，实验台的水道嵌入实验台内部，系统组件故障（阀门或排水管泄漏）导致的漏水不易及时发现，因此需要实验室工作人员经常检查，以防万一，如有泄露，及时关闭总水阀，并与维修人员联系，相关维修人员联系电话一般公示在明显位置。

3. 洗眼器用水由自来水管道供水，通常情况下，洗眼器久置不用会导致下方连接的金属管氧化、生锈，进而产生裂缝造成漏水，因此需定期检查（每月检查 1 次，每学期 2~3 次）。

4. 实验室水槽、实验室台面内部水槽（图 3-1）易存留废弃物，如滤纸条、毛细玻璃管、棉絮等，堵塞管道，存在安全隐患，需要及时清理。每次实验结束需要及时清理。

5. 地漏也是造成水患的原因之一，应经常检查、清理。

6. 学生及其他实验室使用人员应了解实验楼自来水各级阀门的位置，出现漏水或下水道堵塞时，及时关闭阀门，联系本区域责任人修理、疏通。

7. 暖气管漏水事故通常发生于供暖开始、寒假停止供暖和假期结束再次开始供暖这几个时间节点。实验室管理人员应注意巡查。

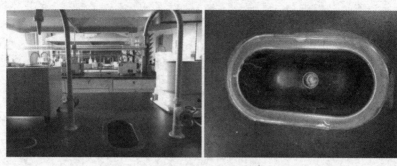

图 3-1 实验室台面内部水槽及俯视图（干净、无堵塞）

8. 试剂用水质量关系到实验结果的准确度，是保证实验结果正确的基础。实验室试剂用水不可长时间贮存。盛放水的容器要防止受到化学或者微生物污染。

《分析实验室用水规格和实验方法》（GB 6682—92）对我国分析实验室用水进行了规范。要求见表 3-1。

表 3-1 分析实验室用水规格（GB 6682—92）

名称	一级	二级	三级
pH 值范围（25℃）	—	—	5.0~7.5
电导率（25℃，ms/m）	0.01	0.10	0.50
可氧化物质［以（O）计，mg/L］	—	0.08	0.40
吸光度（254nm，1cm 光程）	0.001	0.010	—
蒸发残渣（105℃±2℃，mg/L）	—	1.0	2.0
可溶性硅［以（SiO_2）计，mg/L］	—	0.02	—

注：—表示没有规格。

第二节 实验室用电安全

一、配电室安全要求

实验大楼用电总控制室由专人负责，各实验室用电控制箱由指定的实验室指导教师或实验技术人员负责，严格控制，规范管理，学生不得擅自开闭（出现事故或事故隐患时除外）。实验结束和下班前，要清理好现场，切断电源、气源、水源，消除火种，关好门窗。假期要安排专人定期检查实验室的安全。

带有低压负荷的室内配电场所称为配电室，主要为低压用户配送电能，设有中压进线（可有少量出线）、配电变压器和低压配电装置。10kV 及以下电压配电场所，分为高压配电室和低压配电室。高压配电室一般指 6~10kV 高压开关室；低压配电室一般指 10kV 或 35kV 站用变出线的 400V 配电室。配电室安全管理有以下注意事项：

1. 配电室全部机电设备由配电室人员负责管理和值班，停送电由值班电工操作，非值班电工禁止操作，无关人员禁止进入配电室；如因检查工作，必须要进入这些场所时，应由其指定人员陪同，并通知当值领班开门后进入。

2. 保持良好的室内照明和通风，室内温度控制在25℃左右。

3. 每班巡查内容包括室内是否有异味，记录电压、电流、温度、电表数；检查屏上指示灯、电器运行声音、补偿柜运行情况，发现异常及时修理与报告。

4. 供电线路操作开关部位应设明显标志，检修停电拉闸必须挂标志牌，非有关人员决不能动。

5. 严禁违章操作，检修时必须遵守操作规程，使用绝缘工具、鞋、手套等。

二、实验室电源安全要求

电器事故发生是非常突然的，加上实验室的一些不良环境，如潮湿、高温、易燃易爆物的存在等因素，更易造成电器事故。因此，妥善管理、正确使用电器设备对化学实验室安全非常重要。

实验室用电安全的基本要素：电气绝缘良好，保证安全距离，线路与插座容量与设备功率相适应，不使用三无产品。

因此，实验室电源安全应注意：

1. 学生首次进入实验室，应了解实验室室内电路布局。

2. 配电箱、开关、变压器等各种电气设备附近不得堆积易燃、易爆、潮湿和其他影响操作的物件。

3. 配电箱、开关箱周围要留出足够两人同时操作的空间和通道，不得堆放任何杂物。

4. 实验室内不得有裸露的电线、电闸（图3-2），配电箱不得随意开关（图3-3），以防止接触不良引起易燃物爆炸。

图3-2 无安全防护的墙体插座；电源接通时面板未盖（错误操作）

5. 平时要注意电器防潮、防霉、防热、防尘，尤其是暑假后一定要在使用前检查各类电器，并进行干燥处理。一切仪器设备应按照仪器说明书配置适当的电源，其中电器设备使用说明书上标明要接地的，应做好接地保护。

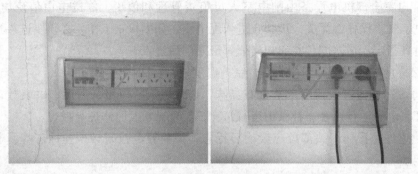

图 3-3　标准有安全防护的墙体插座；电源接通时面板轻轻盖上（正确操作）

6. 实验前先检查用电设备开关，再接通电源；实验结束后，先关仪器设备，再关闭电源。填写实验记录本后请代课教师签字确认后方可关门。

7. 在使用实验室台面上的插座、墙面开关时，首先检查是否有外壳掉落、金属芯露出等破损，如有损坏及时报告管理人员，做好标记，方便维修。

8. 不得用金属器皿（如坩埚钳、钥匙）关合电闸（图 3-4）。

图 3-4　不能用金属器皿关合电闸

9. 教育学生不得用手掌触摸电器，更不能用湿手去接触电器、电线。

10. 开关电器（电闸）的熔断器（保险丝）发生断路或者其他故障，要找专业电工查明原因，进行修理和维护。非专业电工不得修理各种开关电器、不得用其他金属丝代替熔断器（保险丝）。

三、实验室电气设备安全要求

实验室电气设备很多，不仅常用 220V 的低电压，还有几千甚至上万伏的高电压。不同电压的直流电会造成不同程度的损害，如引发爆炸、火灾等，若流经人体，也会产生不同感觉，见表 3-2。

表 3-2 人体对不同电压的感觉

直流电流/mA	人体感觉
1~10	有发麻或者针刺的触电感觉
10~25	人体肌肉强烈收缩
25~100	呼吸困难，甚至停止呼吸，有生命危险
>100	心脏纤颤，从而导致死亡

一般交流电比直流电危险，触电后果的关键在于电压，国际上没有统一规定安全电压数值。电气设备的安全电压超过 24V 时，必须采取其他能防止直接接触带电体的保护措施。预防触电的可靠方法之一就是采用保护性接地。这样即使电器设备漏电，电压也在安全电压（24V）之内。

图 3-5 高压电禁止触摸标识

实验室电器设备安全教育应注意：

1. 识别高压电标识（图 3-5），禁止触碰高压电。

2. 实验过程中，若电线或者电器设备发生过热现象或出现焦糊味时，应立即关闭电源。

3. 通电状态下，双手不应同时触及电器，防止触电时电流经过心脏（图 3-6）。

4. 需要移动电器设备时，必须先切断电源，切不可带电操作。

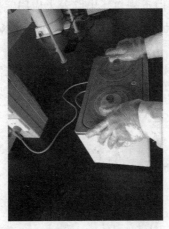

图 3-6 通电状态下，双手不可同时触及电器（错误操作）

5. 裸露或者破损后自行修补的电线（图 3-7）均有危险，应返厂检修或弃用。学校有厂家固定维修人员，随时联系随时维修。如果已经没有维修价值，报废后由国资处统一处理。

 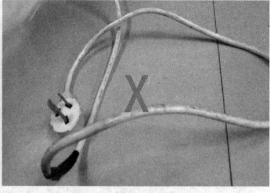

图 3-7 裸露和用胶带自行修补的电线，不能继续使用

6. 当手、脚或者身体沾湿或站在潮湿的地板上时，切勿开启电源开关、触摸通电的电器设施。

7. 部分实验室内有氢气等易燃易爆气体，应避免产生电火花。电器工作、电器接触点接触不良及开关电闸时均易产生电火花，需特别小心。这类实验室严禁明火。

8. 大型精密仪器的供电电压要稳定。一般市电供电电压会有波动，需配备稳压电源以保持稳定的输出电压。稳压电源每次运行要注意是否达到设定的条件，且一般情况下不可关闭。

9. 仪器设备使用完毕，实验人员应及时检查是否关闭总电源，并检查加热装置分开关是否关闭。通常不应在无人监护的情况下长时间开启电气设备。

10. 在实验室时刻提醒学生、教师注意用电安全。发生电气火灾时，应①立即切断电源。②用灭火毯把火扑灭，但电视机、电脑着火应用毛毯、棉被等物品扑灭火焰。③无法切断电源时，应用不导电的灭火器灭火，不要用水及泡沫灭火剂。④迅速拨打"119"报警电话。

请注意：若电源尚未切断时，或电器用具或开关仍在着火，切勿用水浇电器用具的开关。

本章测试

（一）判断题

1. 使用大功率的实验设备前，要检查线路是否接地。（　　　）

2. 电气设备着火时，可以用水扑灭。（　　　）

3. 发现实验室楼的配电箱起火，可以用楼内的消火栓放水灭火。（　　　）

4. 移动某些非固定安装的电气设备（如电风扇，照明灯）时，可以不必切断电源。（　　　）

5. 进行电气维修必须先关掉电源，在设置告知牌后，方可进行。（　　）

6. 可以用湿布擦电源开关。（　　）

7. 为避免线路负荷过大而引起火灾，功率 1000W 以上的设备不得共用一个接线板。（　　）

8. 空调电源必须单独拉线，不得使用接线板。（　　）

9. 触电时，人不可拉碰伤员（可用木棒挑开），应立即切断电源，然后先做人工呼吸，再做心脏按压，同时拨打 120 电话，送医院处理。（　　）

10. 实验室内应使用空气开关并配备必要的漏电保护器；电气设备应配备足够的用电功率和电线，不得超负荷用电；电气设备和大型仪器须接地良好，对电线老化等隐患要定期检查并及时排除。（　　）

11. 只要接线板质量符合要求，就可以随意串联很多个电器设备，不影响使用。（　　）

12. 实验室内的电线、开关、灯头、插头、插座等一切电器用具，要经常检查是否完好，有无漏电、潮湿、霉烂等情况。一旦有问题应立即报修。（　　）

13. 可以用潮湿的手碰开关、电线和电器。（　　）

（二）单选题

1. 如果工作场所潮湿，为避免触电，使用手持电动工具的人应（　　）
　　A. 站在铁板上操作　　　　　　　　B. 站在绝缘胶板上操作
　　C. 穿防静电鞋操作　　　　　　　　D. 戴上安全帽

2. 看到实验室里电闸箱内刀闸断开时（　　）
　　A. 帮助合上刀闸
　　B. 在该刀闸控制的房间里巡视一番，没有发现问题后合上刀闸
　　C. 喊叫几声发现没有人应答后合上刀闸
　　D. 请专业人员处理

3. 静电电压最高可达（　　），放电时易产生静电火花，引起火灾。
　　A. 50 伏　　　　　B. 上万伏　　　　　C. 220 伏　　　　　D. 380 伏

4. 发生触电事故的危险电压一般是（　　）伏以上
　　A. 24　　　　　B. 26　　　　　C. 65　　　　　D. 110

5. 造成触电事故的因素是（　　）
　　A. 电流流过人体　　　　　　　　B. 电压
　　C. 电场　　　　　　　　　　　　D. 磁场

6. 引起电器线路火灾的原因是（　　）
　　A. 短路　　　　　　　　　　　　B. 电火花
　　C. 负荷过载　　　　　　　　　　D. 以上都是

7. 有人触电时，使触电人员脱离电源的错误方法是（　　）
　　A. 借助工具使触电者脱离电源　　　B. 抓触电人的手
　　C. 抓触电人的干燥外衣　　　　　　D. 切断电源

第四章　实验室消防安全　▷▷▷▷

化学实验室中，经常使用各种易燃、易爆化学药品以及各类电气设备，使用不当就可能引发着火、爆炸、灼伤、触电等安全事故。为预防和减少火灾发生，降低火灾危害，保障生命和财产安全，教师和学生进入实验室进行实验之前，应掌握一定的实验室消防安全知识。实验室工作人员及学生要严格按照仪器设备和实验操作规程进行实验操作，要对不按操作规程操作所造成的后果进行警示。实验室内必须存放一定数量的消防器材，且必须放置在便于取用的明显位置，周围不许堆放杂物并且按要求定期检查更换。实验室工作人员应熟练掌握实验室内各种消防设施及消防器材的使用方法，严禁将消防器材挪作他用。此外，学校应当定期开展消防安全教育和培训，加强消防演练，组织开展师生员工消防知识、技能宣传教育，组织灭火和应急疏散预案的实施和演练，提高师生员工的消防安全意识和自救逃生技能。

第一节　实验室消防安全知识

一、实验室防火安全

化学实验室经常会使用有机溶剂如乙醚、丙酮、乙醇、石油醚等，这些试剂均非常容易燃烧，因此使用时要保持化学实验室内通风良好，大量使用时室内不能有明火、电火花或静电放电，严禁吸烟、生火取暖，用毕应立即盖紧瓶盖。实验室内亦不可过多存放此类试剂，使用后需用专用容器（图4-1）收集后进行及时统一回收处理，绝不可倒入下水道，以免聚集引起火灾。加热易燃溶剂，必须用水浴或封闭电炉，绝不能使用酒精灯焰或明火电炉。

图4-1　废液回收桶

化学实验室的易燃、易爆物品遇强氧化剂会发生爆炸或燃烧，存放时应将其与氯酸钾、过氧化物、浓硝酸等强氧化剂分开，使用时远离火种。

磷、金属钠、钾、电石及金属氢化物等在空气中易氧化自燃，遇水发生燃烧甚至爆炸，此类物质起火绝不能用水浇灭，应用干砂或干粉灭火器灭火，通常钾、钠应保存在煤油中，白磷可保存在水中。

电线及电器设备起火时，必须先切断总电源，再用四氯化碳灭火器或干粉灭火器灭火，未切断电源不许用水或泡沫灭火器扑灭燃烧的电线电器。

二、易燃气体安全

易燃气体是指与空气混合的爆炸下限小于10%（体积比），或爆炸上限和下限之差值大于20%的气体。易燃气体的主要危险性是易燃易爆性，而且燃烧速度特别快；易燃气体还特别容易扩散，比空气轻的气体逸散在空气中与空气形成爆炸性混合物，并能够随风飘散，迅速蔓延；比空气重的气体往往漂浮于地表、沟渠、隧道、街道死角等处，聚集不散，与空气在局部形成爆炸性混合气体，一旦遇到火源便发生着火或爆炸，因此实验室在使用易燃气体时应该特别注意。

在使用易燃气或在有易燃气管道、器具的实验室，应经常开窗保持通风，经常检查易燃气体管道、接头、开关及器具是否有泄漏，最好在室内设置检测、报警装置。当发现实验室内有可燃气体泄漏时，应立即关闭阀门，停止使用，迅速撤离人员并打开门窗，检查泄漏处并及时修理。在隐患未完全排除前，不得点火，也不得接通电源。检查易燃气泄漏处时，可用肥皂水或洗涤剂涂于接头处或可疑处，也可用气敏测漏仪等设备进行检查，严禁用火试漏（图4-2）。由于易燃气管道或开关装配不严引起着火时，应立即关闭通

图4-2　不能用明火试漏（错误操作）

向漏气处的开关或阀门，切断气源，然后用湿布或灭火毯覆盖以扑灭火焰。下班或人员离开使用易燃气的实验室前，应确保使用过的易燃气器具完全关闭或熄灭，以防内燃。使用易燃气器具期间，使用人员必须在场。临时出现停止易燃气供应时，一定要随即关闭以上所有器具的开关、分阀或总阀，以防恢复供气时，发生易燃气体泄漏，造成严重危险。在易燃气器具附近，严禁放置易燃易爆物品。不纯的氢气遇火易发生爆炸，操作时严禁接近烟火，点燃前必须先检查并确保其纯度。

三、爆炸性物质使用安全

爆炸性气体、易燃液体和闪点低于或等于环境温度的可燃液体、爆炸性粉尘或易燃纤维等统称为爆炸性物质。爆炸的威力及危害程度很大，为了减少爆炸事故发生，实验时应更加注意此类物质的储用。

在做带有爆炸性物质的实验时，实验前尽可能弄清各种物质的物理、化学性质及混合物成分、纯度，设备的材料结构，实验的温度、压力等条件；实验中应使用具有预防爆炸或减少其危害后果的仪器和设备。操作时，切忌脸正对危险品，必要时应戴上防爆

面具，同时远离其他发热体和明火、火花等。

在有爆炸性物质的实验中，不要用带磨口塞的磨口仪器。爆炸性物质干燥时，最好真空干燥或用干燥剂干燥。

严格分类保管爆炸性物质，实验剩余的残渣余物要及时妥善销毁。银氨溶液不能保存，久置后易发生爆炸。氯酸钾、硝酸钾、高锰酸钾等强氧化剂或其混合物不能研磨，否则易引起爆炸。

第二节　消防设施与消防器材

为了能够及时处理所发生的事故，把火势扼杀在萌芽状态，尽量减少财产损失，减少人员伤亡，按规定，实验室内要配置常用消防安全急救设施。

高校实验室消防设施包括火灾自动报警系统、固定消防给水系统、消火栓系统、防排烟系统、自动灭火系统、应急广播、应急照明、疏散指示灯、防火门、防火卷帘、安全疏散设施及灭火器材等。一旦实验室有火灾险情出现，消防设施的及时启用能够使火势得到有效控制。

在公共场所的墙面上、顶棚上、门顶处、转弯处要设置"紧急出口""安全出口""火警电话"以及逃生方向箭头、事故照明灯等消防标志和事故照明标志。被困人员看到这些标志，马上就可以确定自己的行为，按照标志指示方向有秩序地撤离逃生。学校师生员工应当依法履行保护消防设施、预防火灾、报告火警和扑救初起火灾等维护消防安全的义务。督促落实消防设施、器材的维护、维修及检测，确保其完好有效，疏散通道、安全出口、消防车通道畅通；按规定配置消防设施、器材并确保其完好有效；保证常闭式防火门处于关闭状态，防火卷帘下不能堆放物品影响使用；按规定设置安全疏散指示标志和应急照明设施，并保证疏散通道、安全出口畅通。

一、消防设施

（一）火灾自动报警系统

火灾自动报警系统能在火灾初期将燃烧产生的烟雾、热量、火焰等通过火灾探测器变成电信号，传输到火灾报警控制器，并以声或光的形式通知整个楼层疏散，控制器记录火灾发生的部位、时间等，使人们能够及时发现火灾，并采取有效措施，扑灭初期火灾，最大限度地减少因火灾造成的生命和财产损失。火灾自动报警系统通常包括感烟探测器、感温探测器、火焰探测器、可燃气体探测器、火灾声光警报器、手动报警按钮、火灾光警报器、火灾显示盘等，见图 4-3～图 4-10。

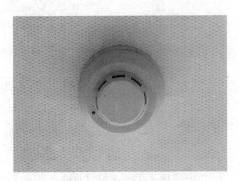

图 4-3　感烟探测器

图 4-4　感温探测器

图 4-5　火焰探测器

图 4-6　可燃气体探测器

图 4-7　火灾声光报警器

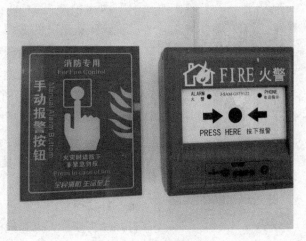

图 4-8　手动报警按钮

图4-9　火灾光警报器

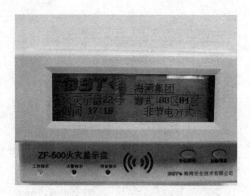

图4-10　火灾显示盘

（二）灭火系统

1. 消火栓

消火栓是一种固定消防设施，分为室内消火栓和室外消火栓，是灭火供水（用水灭火）的主要设备之一。它与供水管路连接，由阀、出水口和壳体等组成，是扑救火灾时的重要供水装置。使用时，将水带一端的接口接在消火栓的出水口上，再把消火栓的手轮按开启方向旋转，即可将水喷出，对准火源扫射灭火；室外消火栓也可供消防车从市政给水管网取水灭火。建筑内消火栓一般位于墙体内，要有醒目的标识写明"消火栓"（图4-11），并不得在其前方放置任何物品，以免影响其正常使用。

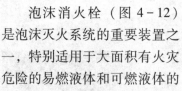
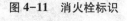

图4-11　消火栓标识

泡沫消火栓（图4-12）是泡沫灭火系统的重要装置之一，特别适用于大面积有火灾危险的易燃液体和可燃液体的生产、贮存和使用场所。泡沫消火栓密封性好、耐腐蚀、有良好的润滑室、使用时间长。

图4-12　泡沫消火栓

2. 自动喷淋装置

自动喷淋装置也是一种消防灭火装置，因其价格低廉、灭火效率高，是目前应用最广泛的一种固定消防设施。自动控制消防喷淋系统是一种在发生火灾时，能自动打开喷头喷水灭火并同时发出火灾报警信号的消防灭火设施。自动喷淋装置可以自动喷水、自动报警和使初期火灾降温，并且可以和其他消防设施同步联动工作，因此能有效控制、扑灭初期火灾，现已广泛应用于建筑消防中。

根据场所不同可以选择不同的喷淋头，主要有下垂型喷淋头、直立型喷淋头、普通型喷淋头和边墙型喷淋头四种，实验室安装的一般是下垂型喷淋头和直立型喷淋头两种。下垂型喷淋头（图4-13）是使用最广泛的一种喷头，主要用于不需要装饰的场所，如车间、仓库、停车库、厨房等地，下垂安装于供水支管上，洒水的形状为抛物体形，将总水量的80%～100%喷向地面。直立型喷淋头（图4-14）适宜安装在移动物较多、易发生撞击的场所，如仓库，还可以安装在房间吊顶夹层中的屋顶处以保护易燃物较多的吊顶顶棚。直立型喷淋头直立安装在供水支管上，洒水形状为抛物体形，将总水量的80%～100%向下喷洒，同时还有一部分喷向吊顶。

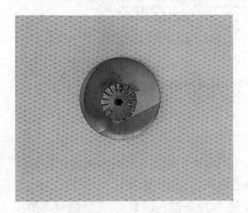

图4-13　下垂型喷淋头

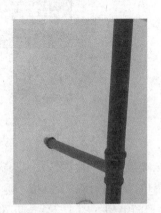

图4-14　直立型喷淋头

（三）隔离系统

火灾发生后为保护人员安全撤离，阻止火势蔓延和烟气扩散，一般在疏散楼梯安装防火门，防火门具有一定的耐火稳定性和隔热性，可在一定时间内阻止火势蔓延，确保人员疏散。防火门是消防设备中的重要组成部分，包括常闭式防火门和常开式防火门。常闭式防火门（图4-15）平时应处于关闭状态，不可经常开启，若有人员走动时推动门开启，人走过后在闭门器作用下自动关闭，又恢复到关闭状态。常开式防火门（图4-16）平时处于开启状态，火灾时通过各种传感器控制闭门器自动关门。一些较大洞口，安装防火门有困难，常安装防火卷帘门（图4-17）进行防火隔热。

图4-15　常闭式防火门

图4-16　常开式防火门

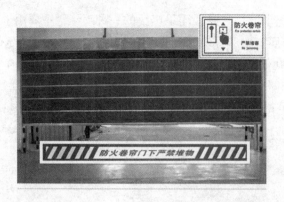

图 4-17　防火卷帘门

（四）疏散系统

安全疏散设施的设置是发生火灾险情时引导人们向安全区域撤离的必备条件，主要包括安全出口（图 4-18）及其指示标志（图 4-19）、疏散通道（图 4-20）、疏散指示（图 4-21）、消防电梯（图 4-22）、防/排烟设施（图 4-23、4-24）、应急照明（图 4-25）。

图 4-18　安全出口

图 4-19　安全出口方向指示牌

图 4-20　疏散通道

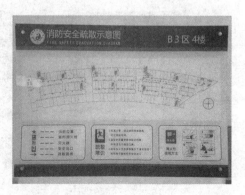

图 4-21　疏散指示

图 4-22 消防电梯

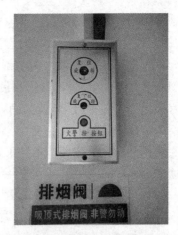

图 4-23 排烟阀

图 4-24 排烟口

图 4-25 应急照明

二、消防设施

实验室建筑整体消防基础设施设备建设，除有感烟报警系统、消防标志标识系统、室内外消火栓系统等外，还必须配有送风排烟系统（无论高低层建筑）、消防广播系统，楼道内应设紧急淋浴器、冲眼器、灭火毯等消防设备；消防器材除配备干粉灭火器外，还要根据实验室特点和性能配备沙土、泡沫灭火器、二氧化碳气体灭火器等器材。

常用灭火剂除水以外，还有泡沫、卤代烷、二氧化碳、干粉等，均可分别用以扑救各种不同性质的火灾。使用灭火剂必须配置相应的灭火设备和器材，才能发挥其灭火效力。

（一）水

化学实验室一般不用水灭火，特别是以下几种情况：①凡与水能发生化学反应、放出大量热、产生可燃气体、容易引起爆炸的物质着火时不能用水扑救，如钾、钠等碱金属，轻金属，电石，碳化钾、碳化钠、碳化铝和碳化钙等碳化碱金属，氢化碱金属等均不能用水扑救，此种情况可用干沙或干粉灭火器灭火。②不溶于水且比水轻的有机溶剂如汽油、苯、丙酮等，用水灭火时有机溶剂会浮在水面，反而扩大火灾现场，可用泡沫灭火器灭火。③熔化的铁水、钢水不能用水扑救，因铁水、钢水温度约在 1600℃，水蒸气在 1000℃ 以上时能分解出氢和氧，有引起爆炸的危险。④高压电气装置火灾，在没有良好接地设备或没有切断电流的情况下，一般不能用水扑救。⑤可燃粉尘如铝粉、锌粉、面粉、煤粉等聚集处的火灾，一般也不能用直流水扑救。⑥浓硫酸、浓硝酸和受热熔融的氧化剂导致火灾，也不能用直流水扑救，以免引起酸液发热及飞溅伤人，必要时宜用喷雾水。

（二）沙桶

将干燥沙子贮于容器中备用，灭火时将沙子撒于着火处。干沙对金属起火的扑救特别安全有效，适用于不能用水扑救的燃烧，但不适用于火势很猛，面积很大的火灾。实验台或地面小面积着火时，可立即用沙子覆盖，使之隔绝空气而灭火。平时经常保持沙桶（图 4-26）干燥，切勿将火柴梗、玻璃管、纸屑等杂物随手丢入其中。

图 4-26 沙桶

（三）灭火毯

灭火毯（图 4-27、4-28）由纤维状隔热耐火材料制成，能隔离热源和火焰。在起火初期，将灭火毯直接覆盖住火源，可在短时间内将火扑灭。小面积着火时，可将灭火毯覆盖其上使之灭火。实验人员衣服严重着火时，可立即用灭火毯将其包裹灭火。有机溶剂在桌面或地面局部蔓延燃烧时，可撒上细沙或用灭火毯扑灭。沙子和灭火毯经常用来扑灭局部小火，必须妥善安放在固定位置，不得随意挪作他用，使用后必须放回原处。

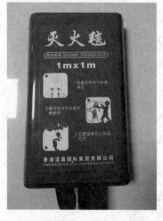

图 4-27 灭火毯

图 4-28 灭火毯展开图

（四）灭火器

1. 常用灭火器

灭火器是最常见的灭火器材，灭火器内放置化学药品，不同的灭火器装填成分不一样，通常根据着火物质的性质选用不同的灭火器灭火。化学实验室常用灭火器有以下几种：

（1）二氧化碳灭火器：二氧化碳灭火器（图 4-29）的钢桶内装有压缩的液态二氧化碳，喷出时变成气体，同时吸收大量热，主要依靠窒息作用和部分冷却作用灭火。

二氧化碳对绝大多数物质没有破坏作用，灭火后，不留痕迹，又无毒害，最适合扑救各种液体和受到水、泡沫、干粉等灭火剂沾污易损坏的贵重设备、精密仪器、重要文件档案等的火灾。二氧化碳是不导电物质，可用它扑救 600V 以下各种带电设备及可燃性液体的初起火灾。它还有一定的渗透、环绕能力，可以达到一般直射不能达到的地方。二氧化碳灭火器是实验室中最常用、最安全的一种灭火器，但不能用于金属钠、钾、镁、锂等及其氢化物的火灾。

使用时，首先将灭火器提到起火地点，放下灭火器，拔出保险销，一只手握住喇叭筒根部的手柄，另一只手紧握启闭阀的压把。对没有喷射软管的二氧化碳灭火器，应把喇叭筒往上扳 70°~90°。使用时，喇叭筒上的温度会随喷出的二氧化碳气压的骤降而骤降，故手不能握在喇叭筒外壁或金属连接管上，否则手会严重冻伤（图 4-30）。在室外使用二氧化碳灭火器时，应选择上风方向喷射（图 4-31）；在室内窄小空间使用时，灭火后操作者应迅速离开，以防窒息。

图 4-29 二氧化碳灭火器

图 4-30 不能直接用手抓住喇叭筒外壁或金属连接管，防止手被冻伤

图 4-31 上风方向喷射

（2）干粉灭火器：干粉灭火器（图 4-32）内充装小苏打干粉和少量经过研磨的添加剂。灭火时，靠加压二氧化碳或氮气将干粉喷出，粉雾与火焰接触、混合时发生的物理、化学作用灭火。另外，还有部分稀释氧和冷却作用。

除扑救金属火灾的专用干粉化学灭火剂外，干粉灭火剂一般分为 BC 干粉灭火剂和 ABC 干粉灭火剂两大类，主要用于扑灭可燃气体、液体、电器设备，以及一些不宜用水来扑救的火灾。

干粉灭火器最常用的开启方法为压把法，将灭火器提到距火源适当距离后，先上下颠倒几次，使筒内的干粉松动，然后让喷嘴对准燃烧最猛烈处，拔去保险销，压下压把，灭火剂便会喷出灭火。在灭火过程中，应始终保持直立状态，不得横卧或颠倒使用。

图 4-32 干粉灭火器

（3）泡沫灭火器：该类灭火器内分别装有碳酸氢钠和硫酸铝溶液，使用时将筒身颠倒，两种溶液混合并发生反应，产生硫酸钠、氢氧化铝和大量二氧化碳组成的泡沫使火熄灭。因其灭火后存在的硫酸钠、氢氧化铝污染严重，火场清理工作麻烦，所以一般非大火不使用泡沫灭火器。

泡沫灭火器适于油类等非水溶性易燃、可燃液体，及木材、橡胶、纤维等的起火；因泡沫能导电，不能用于扑救水溶性易燃、可燃液体燃烧引起的火灾；也不能扑救带电电器及遇水发生燃烧爆炸物质的火灾。

过去常用的四氯化碳灭火器，因其毒性大，灭火时还会产生毒性更大的光气，目前已被淘汰。

2. 手提式灭火器使用方法

使用时，应手提灭火器的提把或肩扛灭火器将其带到火场，在距燃烧处 5m 左右，放下灭火器，先拔出保险销，一手握住开启把，另一手握在喷射软管前端的喷嘴处。如灭火器无喷射软管，可一手握住开启压把，另一手扶住灭火器底部的底圈部分。先将喷嘴对准燃烧处，用力握紧开启压把，使灭火器喷射。当被扑救的可燃烧液体呈现流淌状燃烧时，使用者应对准火焰根部由近而远并左右扫射，向前快速推进，直至火焰全部扑灭。如果可燃液体在容器中燃烧，应对准火焰左右晃动扫射，当火焰被赶出容器时，喷射流跟着火焰扫射，直至把火焰全部扑灭。但应注意不能将喷流直接喷射在燃烧液面，防止灭火剂的冲力将可燃液体冲出容器而扩大火势，造成灭火困难。当扑救可燃性固体物质的初起火灾，则将喷流对准燃烧最猛烈处喷射，当火焰被扑灭后，应及时采取措施，不让其复燃。用灭火器进行灭火的最佳位置是上风或侧风位。

三、灭火方法及爆炸事故的处理

（一）灭火方法

1. 基本方法

灭火的四种基本方法有：

（1）冷却法：用水喷射、浇洒，降低燃烧物的温度，使温度低于燃点，促使燃烧过程停止，即可将火熄灭。因水取用最方便、最便宜，所以用水灭火是扑灭火灾最常用的方法。

（2）窒息法：减少燃烧区域的氧气量或采用不燃烧物质冲淡空气，使火焰熄灭。如用二氧化碳、氮气、泡沫或石棉布、沾水的被褥、麻袋或沙子等不燃烧或难燃烧的物质覆盖在燃烧物上，使空气和其他氧化剂不能与可燃物充分接触，燃烧空间中的空气含氧量降低到16%以下，即可将火熄灭。

（3）隔离法：把燃烧物与未燃烧物隔离。例如将起火点附近的可燃、易燃或助燃物搬走，可将火灾限制在最小范围内，阻止火势蔓延，即可使火灾由大变小，直至熄灭。

（4）抑制法（化学中断法）：用含溴的、卤代烷化学灭火剂喷射、覆盖火焰，让灭火剂参与到燃烧反应过程中去，通过抑制燃烧的化学反应过程，夺去燃烧连锁反应中的活泼性物质，使燃烧中断，达到灭火目的。

2. 灭火方法的选择

一旦失火，首先应采取措施防止火势蔓延，立即切断电源，移开易燃易爆物品，视火势大小，采取不同的扑救方法。

（1）对在容器中（如烧杯、烧瓶，热水漏斗等）发生的局部小火，可用石棉网、表面皿或木块等盖灭。

（2）有机溶剂在桌面或地面上蔓延燃烧时，不得用水冲，可撒上细沙或用灭火毯扑灭。

（3）对钠、钾等金属着火，通常用干燥的细沙覆盖，严禁用水和四氯化碳灭火器，否则会导致猛烈的爆炸，也不能用二氧化碳灭火器。

（4）若衣服着火，切勿慌张奔跑，以免风助火势。化纤织物最好立即脱除。一般小火可用湿抹布、灭火毯等包裹使火熄灭。若火势较大，可就近用水龙头浇灭。必要时就地卧倒打滚，一方面防止火焰烧向头部，另外在地上压住着火处，使其熄火。

（5）在反应过程中，若因冲料、渗漏、油浴着火等引起反应体系着火时，情况比较危险，处理不当会加重火势。扑救时必须谨防冷水溅在着火处的玻璃仪器上，谨防灭火器材击破玻璃仪器，造成严重的泄漏而扩大火势。有效的扑灭方法是用几层灭火毯包住着火部位，隔绝空气使其熄灭，必要时在灭火毯上撒些细沙。若仍不奏效，必须使用灭火器，由火场的周围逐渐向中心处扑灭。

学生在实验室进行实验过程中，如遇此类问题，在采取相应正确灭火措施的同时应立即告知老师，如火势较大应立即拨打消防报警电话119，并告知消防人员起火具体位置、大致过火面积，及可能原因。

（二）爆炸事故的预防与处理

1. 爆炸事故的预防

实验操作不规范、粗心大意或违反操作规程都能酿成爆炸事故。爆炸的毁坏力极大，危害十分严重，瞬间殃及人身安全，且难以自行处理，必须及时求助专业救助人员，因此应引起思想上的重视，了解引发爆炸事故的原因，预防爆炸事故发生。实验室发生爆炸事故的原因大致如下：

（1）随便混合化学药品。氧化剂和还原剂的混合物在受热、摩擦或撞击时会发生爆炸，如高锰酸钾和甘油。

（2）在密闭体系中进行蒸馏、回流等加热操作。

（3）在加压或减压实验中使用不耐压的玻璃仪器，如减压蒸馏时，若使用平底烧瓶或锥形瓶做蒸馏瓶或接收瓶，会因其平底处不能承受较大的负压而发生爆炸。

（4）反应过于激烈而失去控制。

（5）易燃易爆气体如氢气、乙炔等烃类气体、煤气和有机蒸气等大量逸入空气，引起爆燃。

（6）一些本身容易爆炸的化合物，如硝酸盐类、硝酸酯类、三碘化氮、芳香族多硝基化合物、乙炔及其重金属盐、重氮盐、叠氮化物、有机过氧化物（如过氧乙醚和过氧酸）等，受热或被敲击时会爆炸。强氧化剂与一些有机化合物接触，如乙醇和浓硝酸混合时会发生猛烈的爆炸反应。

（7）配制溶液时，错将水往浓硫酸里倒，或者配制浓的氢氧化钠时未等冷却就将瓶塞塞住摇动等。

（8）在使用和制备易燃、易爆气体，如氢气、乙炔等时，不在通风橱内进行，或者附近有明火。

（9）由于四氢呋喃、乙醚等试剂久放会产生一定的过氧化物，在对这些物质进行蒸馏前，未检验有无过氧化物并除掉，过氧化物被浓缩到一定程度或蒸干易发生爆炸。

（10）高压实验必须在远离人群的实验室中进行。在做高压、减压实验时，应使用防护屏或防爆面罩。

（11）某些强氧化剂（如氯酸钾、硝酸钾、高锰酸钾等）或其混合物不能研磨，否则会发生爆炸。

（12）在点燃氢气、一氧化碳等易燃气体之前，必须先检查并确保纯度。

2. 爆炸事故的处理

必须遵守凡是有爆炸危险的实验，应安排在专门的防爆设施（或通风柜）中进行。如果发生爆炸事故，首先将受伤人员撤离现场，送往医院急救。现场人员立即切断电源，关闭煤气和水龙头，迅速清理现场以防引发其他着火、中毒等事故，同时通知实验室管理人员，拨打消防电话119，告知消防人员爆炸位置及可能原因。

四、消防安全教育

除了配备完善的消防设施和消防器材外，学校还应当将师生员工的消防安全教育和培训纳入学校消防安全年度工作计划。消防安全教育和培训的主要内容应包括：①国家消防工作方针、政策，消防法律、法规；②本单位、本岗位的火灾危险性，火灾预防知识和措施；③有关消防设施的性能、灭火器材的使用方法；④报火警、扑救初起火灾和自救互救技能；⑤组织、引导在场人员疏散的方法。

学校应当采取下列措施对学生进行消防安全教育，使其了解防火、灭火知识，掌握报警、扑救初起火灾和自救、逃生方法。开展学生自救、逃生等防火安全常识的模拟演练，每学年至少组织一次学生消防演练；根据消防安全教育的需要，将消防安全知识纳入教学和培训内容；对每届新生进行不低于4学时的消防安全教育和培训；对进入实验室的学生进行必要的安全技能和操作规程培训；每学年至少举办一次消防安全专题讲座，并在校园网络、广播、校内报刊开设消防安全教育栏目。

本章测试

（一）判断题

1. 化学泡沫灭火器可扑救一般油质品、油脂等的火灾，但不能扑救醇、酯、醚、酮等引起的火灾和带电设备的火灾。（　　）

2. 在着火和救火时，若衣服着火，要赶紧跑到空旷处用灭火器扑灭。（　　）

3. 实验大楼出现火情时千万不要乘电梯，因为电梯可能停电而失控，同时又因"烟囱效应"，电梯井常常成为浓烟的流通道。（　　）

4. 水具有导电性，不宜扑救带电设备的火灾，不能扑救遇水燃烧物质或非水溶性燃烧液体的火灾。（　　）

5. 二氧化碳灭火器使用不当，可能会造成冻伤。（　　）

6. 电气线路着火，要先切断电源，再用干粉灭火器或二氧化碳灭火器灭火，不可直接泼水灭火，以防触电或电气爆炸伤人。（　　）

7. 干粉灭火剂是扑救精密仪器火灾的最佳选择。（　　）

8. 实验室发现可燃气体泄漏，要迅速切断电源，打开门窗。（　　）

9. 发现火灾时，单位或个人应该先自救，当自救无效、火越着越大时，再拨打消防报警电话119。（　　）

10. 使用手提灭火器时，拔掉保险销，对准着火点根部用力压下压把，灭火剂喷出，就可灭火。（　　）

11. 电气设备发生火灾时，应注意电气设备可能带电，会发生触电事故；某些电气设备充有大量的油，可能发生喷油甚至爆炸。（　　）

12. 如果可燃液体在容器内燃烧，应从容器的一侧上部向容器中喷射，但注意不能将喷流直接喷射在燃烧液面上，防止灭火剂的冲力将可燃液体冲出容器而扩大火势。（　　）

13. 灭火的四种方法是隔离法、窒息法、冷却法、化学抑制法。（　　）

（二）单选题

1. 万一发生电气火灾，首先应该采取的措施是（　　）
   A. 打电话报警　　　　　　　　B. 切断电源
   C. 扑灭明火　　　　　　　　　D. 求援

2. 实验室带电电器设备所引起的火灾，应（　　）
   A. 用水灭火
   B. 用二氧化碳或干粉灭火器灭火
   C. 用泡沫灭火器灭火
   D. 用四氯化碳灭火器灭火

3. 有机物或能与水发生剧烈化学反应的药品着火，应用（　　），以免扑救不当造成更大损害。
   A. 其他有机物灭火　　　　　　B. 自来水灭火
   C. 灭火毯或沙子扑灭　　　　　D. 湿抹布灭火

4. 金属钠着火可采用的灭火方式有（　　）
   A. 干沙　　　　　　　　　　　B. 水
   C. 湿抹布　　　　　　　　　　D. 泡沫灭火器

5. 铝粉、保险粉自燃时扑救方法为（　　）
   A. 用水灭火　　　　　　　　　B. 用泡沫灭火器
   C. 用干粉灭火器　　　　　　　D. 用干沙子灭火

6. 容器中的溶剂或易燃化学品发生燃烧，处理方式为（　　）
   A. 用灭火器灭火或加沙子灭火
   B. 加水灭火
   C. 用不易燃的瓷砖、玻璃片盖住瓶口
   D. 用湿抹布盖住瓶口

7. 溶剂溅出并燃烧，处理方式为（　　）

    A. 马上使用灭火器灭火

    B. 马上向燃烧处盖沙子或浇水

    C. 马上用石棉布盖住燃烧处，尽快移去邻近的其他溶剂，关闭热源和电源，再灭火

    D. 以上都对

8. 2, 4-二硝基苯甲醚、萘、二硝基萘等可升华固体药品燃烧应（　　）

    A. 用灭火器灭火

    B. 火灭后还要不断向燃烧区域上空及周围喷雾水

    C. 用水灭火，并不断向燃烧区域上空及周围喷雾水至可燃物完全冷却

    D. 以上都是

9. 遇水发生剧烈反应，容易产生爆炸或燃烧的化学品是（　　）

    A. K、Na、Mg、Ca、Li、AlH_3、电石

    B. K、Na、Ca、Li、AlH_3、MgO、电石

    C. K、Na、Ca、Li、AlH_3、电石

    D. K、Na、Mg、Li、AlH_3、电石

10. 干粉灭火器适用于（　　）

    A. 电器起火　　　　　　　B. 可燃气体起火

    C. 有机溶剂起火　　　　　D. 以上都是

11. 身上着火后，下列灭火方法错误的是（　　）

    A. 就地打滚　　　　　　　B. 用厚重衣物覆盖压灭火苗

    C. 迎风快跑　　　　　　　D. 大量水冲或跳入水中

12. 使用灭火器扑救火灾时要对准火焰的（　　）喷射。

    A. 上部　　　　　　　　　B. 中部

    C. 根部　　　　　　　　　D. 中上部

13. 窒息灭火法是将氧气浓度降低至最低限度，以防止火势继续扩大。其主要工具是（　　）

    A. 沙子　　　　　　　　　B. 水

    C. 二氧化碳灭火器　　　　D. 干粉灭火器

14. 实验室仪器设备用电或线路发生故障着火时，应立即（　　），并组织人员用灭火器进行灭火。

    A. 将贵重仪器设备迅速转移

    B. 切断现场电源

    C. 用水灭火

    D. 自行撤离

15. 如果实验出现火情，要立即（　　）

    A. 停止加热，移开可燃物，切断电源，用灭火器灭火

B. 打开实验室门，尽快疏散、撤离人员

C. 用干毛巾覆盖火源，使火焰熄灭

D. 自行撤离

16. 身上着火，最好的做法是（　　）

  A. 就地打滚或用水冲　　　　B. 奔跑

  C. 大声呼救　　　　　　　　D. 边跑边脱衣服

17. 在室外灭火时，应站在（　　）

  A. 上风处　　　　　　　　　B. 下风处

  C. 远处　　　　　　　　　　D. 高处

18. 扑灭电器火灾不宜使用（　　）灭火器材

  A. 二氧化碳灭火器　　　　　B. 干粉灭火器

  C. 泡沫灭火器　　　　　　　D. 灭火沙

19. 下列（　　）灭火器最适于扑灭电气火灾

  A. 二氧化碳灭火器　　　　　B. 干粉灭火器

  C. 泡沫灭火器　　　　　　　D. 水

（三）多选题

1. 强氧化剂在使用中不能混入（　　）物品

  A. 木屑　　　　　　　　　　B. 碳粉、金属粉

  C. 硫化物　　　　　　　　　D. 油脂、塑料

2. 使用碱金属引起燃烧应（　　）

  A. 使用泡沫灭火器灭火

  B. 使用水灭火

  C. 火势较小或在容器中燃烧时，马上用干沙子或石棉布盖熄

  D. 火势较大时，马上移去邻近可燃物，关闭热源和电源，再用干粉灭火器灭火

3. 以下药品中，严禁与水接触的是（　　）

  A. 金属钠、钾　　　　　　　B. 电石

  C. 白磷　　　　　　　　　　D. 金属氢化物

第五章　危险化学品安全 ▷▷▷

第一节　危险化学品的概述

一、危险化学品的概念

危险化学品是指具有毒害、腐蚀、爆炸、燃烧、助燃等性质，对人体、设施、环境具有危害的剧毒化学品和其他化学品（《危险化学品安全管理条例》）。

二、危险化学品的分类

对于危险货物的分类，国际上普遍采用联合国危险货物运输专家委员会编定的《关于危险货物运输的建议书》中提出的分类方法。而我国又在此基础上制定了两个国家标准——GB6944—86《危险货物分类和品名编号》和 GB13690—92《常用危险化学品的分类及标志》。

我国现行的危险化学品分类标准是《危险货物分类和品名编号》（GB6944—2005）和《化学品分类和危险性公示　通则》（GB13690—2009）。两标准在技术内容方面分别与联合国推荐的危险化学品或危险货物分类标准"橙皮书"和"紫皮书"一致但非等效。"橙皮书"指《联合国关于危险货物运输的建议书·规章范本》，英文名 *The UN Recommendations on the Transport of Dangerous Goods*, *Model Regulations*, 简称 TDG; "紫皮书"指《全球化学品统一分类和标签制度》，英文名 *Globally Harmonized System of Classification and Labelling of Chemicals*, 简称 GHS。

《化学品分类和危险性公示　通则》按理化危险、健康危险和环境危险将化学物质和混合物分为 28 个危险性类别，具体见表 5-1。

表 5-1　《化学品分类和危险性公示　通则》对危险化学品的分类

理化危险	健康危险	环境危险
爆炸物	急性毒性	危害水生环境
易燃气体	皮肤腐蚀、刺激	急性水生毒性
氧化性气体	呼吸或皮肤致敏	
易燃液体	致癌性	

理化危险	健康危险	环境危险
易燃固体	生殖毒性	
自燃液体	特定靶器官系统毒性（反复接触）	
自燃固体	吸入危险	
遇水放出易燃气体的物质或混合物		
氧化性液体		
氧化性固体		
有机过氧化物		

第二节　危险化学品的燃烧

一、燃烧及易燃物质的定义与燃烧的必要条件

燃烧就是可燃物质与氧或氧化剂发生剧烈氧化反应而发光发热的现象。例如，木柴、煤、天然气的燃烧等。在这些物质的燃烧过程中，都会发光、发热，有时还伴有很大的声响。

易燃物质是指在空气中容易着火燃烧的物质，包括固体、液体和气体。气体物质不需要经过蒸发，可以直接燃烧。固体和液体发生燃烧，需要经过分解和蒸发，生成气体，然后由这些气体成分与氧化剂作用而燃烧。

燃烧必须同时具备以下三个条件：首先是可燃物，凡是能与空气、氧气或其他氧化剂发生剧烈氧化反应的物质，称为可燃物，如汽油、木头、纸张、衣物等。其次是助燃物，具有较强氧化性能，能与可燃物发生化学反应并引起燃烧的物质，如空气、氧气、氯气等。最后是着火源，凡能引起可燃物质燃烧的能量源统称为着火源（又称点火源）。包括明火、电火花、摩擦、撞击、高温表面、雷电等。

二、物质易燃性相关的重要概念

1. 闪燃与闪点

易燃或可燃液体挥发出来的蒸气与空气混合后，遇火源发生一闪即灭的燃烧现象被称作闪燃。发生闪燃的最低温度点称为闪点。闪点是表示易燃液体燃爆危险性的一个重要指标。液体的闪点越低，其燃爆危险性越大。

我国对可燃液体的分类、分级如表 5-2 所示。

表 5-2 液体可燃性分类分级

种类	级别	闪点（℃）	举例
易燃液体	I	$T \leq 28$	汽油、甲醇、乙醇、乙醚、苯、甲苯、二硫化碳等
	II	$28 < T \leq 45$	煤油、丁醇等
可燃液体	III	$45 < T \leq 120$	戊醇、柴油、重油等
	IV	$T > 120$	植物油、矿物油、甘油等

几种常见液体的闪点如表 5-3 所示。

表 5-3 几种常见液体的闪点

液体名称	闪点（℃）	液体名称	闪点（℃）	液体名称	闪点（℃）
汽油	−58~10	二氯乙烷	8	松节油	30
二硫化碳	−45	甲醇	9.5	丁醇	35
乙醚	−45.5	乙醇	11	正己醇	63
丙酮	−17	醋酸丁酯	13	乙二醇	112
苯	−15	醋酸戊酯	25	甘油	176.5
甲苯	1	煤油	28~45	桐油	239
醋酸乙酯	1	二乙胺	28	冰醋酸	40

2. 着火与燃点

着火是可燃物质与火源接触而发生燃烧，并且火源移去后仍能维持燃烧 5 秒钟以上的现象。物质开始起火持续燃烧的最低温度点称为燃点或着火点。燃点越低，物质着火危险性越大。一般液体燃点高于闪点，易燃液体的燃点比闪点高 1~5℃。一闪即灭的火星不一定导致物质的持续燃烧。

3. 自燃与自燃点

自燃是指可燃物质在没有外部火花、火焰等点火源的作用下，因受热或自身发热并蓄热所产生的自行燃烧。使某种物质发生自燃的最低温度就是该物质的自燃点，也叫自燃温度。

4. 助燃物

大多数燃烧发生在空气中，助燃物是空气中的氧气。但对由氧化剂驱动的还原性物质发生的燃烧和爆炸，氧气不一定是必需的。可作为助燃物的物质还有氯气、氟气、氧化二氮等。液溴、过氧化物、硝酸盐、氯酸盐、溴酸盐、高氯酸盐、高锰酸盐等也可以作为助燃物。

三、燃烧的分类

按照燃烧的特性不同，燃烧可分为自燃、闪燃和着火（燃烧）三种类型。

1. 自燃

根据促使可燃物质升温热量的来源不同，自燃可分为受热自燃和本身自燃两类。可燃物质由于外部加热，温度升高到自燃点而发生自行燃烧的现象，称为受热自燃。如白炽灯附近的纸张，温度升至333℃以上就会自燃。可燃物质由于本身的化学、物理或生物作用产生的热量，使温度升高到自燃点而发生自行燃烧的现象，称为本身自燃，简称自燃。自燃物质标识见图5-1。

图5-1 自燃物品标识

2. 闪燃

在闪点温度时，可燃液体蒸发慢，液体上方空气中含可燃气体不多，可燃蒸气容易燃烧殆尽，不能继续维持燃烧。可燃液体温度低于闪点温度时，蒸发更慢，液体上方的空气中可燃蒸气的浓度很低，不会燃烧。可燃液体温度高于闪点温度时，蒸发加快，液体上方的空气中可燃蒸气浓度增大，若接触明火，立即着火燃烧甚至爆炸。

可燃液体的闪点越低，发生火灾、爆炸的危险性越大。如石油醚的闪点为-50℃，煤油的闪点为28~45℃。

值得注意的是，可燃液体混合物的闪点不具有加和性，高闪点液体中即使加入少量低闪点液体也会大大降低闪点，增加火灾的危险性。

3. 着火

物质的燃点一般低于该物质的自燃点。不同的可燃物质处在相同火源条件下，燃点低的物质首先着火，燃点越低，火灾的危险性越大。

可燃液体的燃点与其闪点不同，两者的区别是可燃液体在着火时，移除火源，能继续维持燃烧。闪燃时移去火源后，闪燃即熄灭。一般石油产品燃点比闪点高1~5℃，闪点在100℃以上的油品的燃点比闪点高出30~40℃。

控制可燃物质的温度在燃点以下，是防火、灭火的重要措施之一。例如用浇水、喷水雾的方法灭火，就是为了将燃烧物质的温度降低到燃点以下，使燃烧停止。

几种常见物质的自燃温度、燃点温度、闪点温度见表5-4。易燃物质的标识见图5-2~5-5。

表5-4 几种常见物质的自然温度、燃点温度、闪点温度

物质	自燃温度/℃	燃点温度/℃	闪点温度/℃
氢气	560		
煤粉	257~700	162~234	
木柴	350	295	
纸张	333	130	
甲烷	540		
汽油	415~530		<28
蜡油	300~380		120

图5-2 易燃气体标识

图5-3 易燃液体标识

图5-4 易燃固体标识

图5-5 遇湿易燃物品标识

第三节 危险化学品的爆炸

一、易爆性物质的定义与爆炸的分类

爆炸是物质瞬间突然发生的物理或化学变化，同时释放出大量气体和能量（光能、热能、机械能）并伴有巨大声响的现象。

爆炸性物质指自身能够通过化学反应产生气体，其温度、压力和速度高到能对周围造成破坏的固体或液体物质（或这些物质的混合物），也包括不放出气体的烟火物质。爆炸性物质按组成可分为爆炸化合物和爆炸混合物。

按性质，爆炸可分为物理性爆炸、化学性爆炸及核爆炸三大类。由于核爆炸在常见实验室中不会发生，所以下面仅介绍物理性爆炸和化学性爆炸。爆炸品标识见图5-6。

（一）物理性爆炸

由物质的物理变化（如温度、压力、体积等变化）引起的爆炸称为物理性爆炸。如氧气瓶受热升温，引起气体压力增高，当压力超过钢瓶的极限强度时发生的爆炸，就属于物理性爆炸。其特征是爆炸前后，爆炸物质的化学成分及性质均不变化。

图5-6 爆炸品标识

（二）化学性爆炸

由物质在短时间内完成化学反应，形成新物质，产生高温、高压而引起的爆炸称为化学性爆炸。化学爆炸前后，物质的性质和成分均发生根本变化。化学爆炸的特点是：①反应是放热的；②反应速度极快；③反应过程中放出大量气体。因此，实验室的爆炸中，最常见的是化学性爆炸。

二、爆炸极限及易爆物质的爆炸方式

（一）爆炸极限的定义

可燃物质与空气（或氧气）均匀混合形成爆炸性混合物，其浓度达到一定的范围时，遇明火或一定的引爆能量立即发生爆炸，这个浓度范围称为爆炸极限（爆炸浓度极限）。形成爆炸性混合物的最低浓度叫作爆炸浓度下限，最高浓度叫作爆炸浓度上限，上、下限之间叫作爆炸浓度范围。

（二）易爆物质的爆炸方式

爆炸通常有三种方式。

可燃性气体，如氢气、乙炔、甲烷、丙烷等物质与空气混合达到其爆炸极限浓度范围时着火而发生燃烧爆炸。

易于分解的物质，如过氧化物、氯酸钾、硝酸铵、TNT炸药等，由于加热或撞击而快速剧烈分解，瞬间产生大量气体的分解爆炸。

反应性爆炸物质，如金属钠、钾等物质遇到水，可发生快速反应，产生易燃易爆物质，并伴随着显著放热的物质。

三、易爆物质的分类

根据易爆物质的爆炸方式不同，可将易爆物质分为易爆可燃性气体、分解爆炸性物质及爆炸品、反应性爆炸物质。

（一）常见的易爆可燃性气体

实验室中使用的气体一般由气体钢瓶储存，常见可燃性气体见表5-5。

表 5-5 常见可燃性气体

名称	空气中的燃烧界限（体积分数）
氢气（H_2）	5.0~75
甲烷（CH_4）	5.3~15
丁烷（$CH_3CH_2CH_2CH_3C_4H_{10}$）	1.5~8.5
乙烯（$CH_2=CH_2$）	1.8~9.6
一氧化碳（CO）	12.5~74.2
甲醚（C_2H_6O）	3.0~17
环氧乙烷（C_2H_4O）	3.0~80
氧化丙烯（C_3H_6O）	2.8~37
乙醛（CH_3CHO）	4.0~57
氨（NH_3）	16.1~25
甲胺（CH_3NH_2）	4.9~20.8
二甲胺［$(CH_3)_2NH$］	2.8~14.4
乙胺（$C_2H_5NH_2$）	3.5~14
氰化氢（HCN）	5.6~40
氯甲烷（CH_3Cl）	7.0~19.0
氯乙烷（C_2H_5Cl）	3.6~14.8
溴甲烷（CH_3Br）	13.5~14.5
氯乙烯（$CH_2=CHCl$）	3.6~21.7
硫化氢（H_2S）	4.3~45.5
二硫化碳（CS_2）	1.0~60

（二）常见的易爆可燃性液体

可燃性液体的爆炸极限有两种表示方法：一种是以可燃性液体所形成的可燃蒸气的爆炸浓度极限表示（V%），有上、下限之分；另一种是以可燃性液体的爆炸温度极限（℃）来表示，也有上、下限之分。因为可燃性液体的蒸气浓度与可燃性液体的温度有对应关系，所以两种表示方法在本质上是一样的。但由于液体温度比较容易测量，所以常用来控制可燃性液体的爆炸极限。常见易燃、可燃液体的燃爆特性见表5-6。

表 5-6 常见易燃、可燃液体的燃爆特性

液体	沸点温度/℃	闪点温度/℃	自燃点温度/℃	爆炸极限/%
丙酮	56	−20	465	2.6~12.8
苯	78~80	−11	555	1.4~8.0
甲苯	110.6	4.44	536	1.27~7.0
甲醇	64.7	11.1	455	6~36.5

（三）常见的爆炸性粉尘、可燃性粉尘和可燃性纤维

爆炸性粉尘、可燃性粉尘和可燃性纤维的爆炸极限是以其在单位体积混合物中的质量（g/m^3）来表示的。而其爆炸危险性是以爆炸下限来表示的，如煤粉的爆炸下限为 $35g/m^3$，木粉的爆炸下限为 $40g/m^3$，铝粉的爆炸下限为 $20\sim40g/m^3$。爆炸上限，因为浓度太高，例如糖粉的爆炸上限为 $13500g/m^3$，煤粉的爆炸上限为 $2000g/m^3$，一般场合不会出现。常见爆炸性粉尘的燃爆特性见表 5-7。

表 5-7　常见爆炸性粉尘的燃爆特性

粉尘	平均粒径/μm	表面堆积 5mm 粉尘层的引燃温度/℃	粉尘云的引燃温度/℃	爆炸下限/%
铝	$10\sim20$	230	400	$37\sim60$
铁	$100\sim150$	240	430	$153\sim204$
镁	$5\sim10$	340	470	$44\sim59$
苯二酸	$80\sim100$	熔融	650	$61\sim83$

第四节　危险化学品的毒性

一、有毒物质的定义及分类

1. 定义

有毒物质是指通过接触、吸入、食用等方式进入机体，并对机体产生危害作用，引起机体功能或器质性、暂时性或永久性病理变化的物质。实验室中大多数化学药品是有毒物质，其毒性大小不一。进行实验时，应根据所使用的化学药品毒性及用量大小，对其制定严格的使用规则，以免引起中毒事故。

2. 分类

有毒物质有各种各样的分类方法。

按有毒物质的化学结构可分为有机有毒物质和无机有毒物质。

按有毒物质的生物作用性质可分为麻醉性有毒物质、窒息性有毒物质、刺激性有毒物质、腐蚀性有毒物质、致敏性有毒物质、致癌性有毒物质等。

按毒害的器官可分为神经系统有毒物质、血液系统有毒物质、肝脏系统有毒物质、呼吸系统有毒物质、消化系统有毒物质、全身性有毒物质等。某些有毒物质主要伤害一类器官，有些有毒物质则会伤害多类器官或全身各器官。

按有毒物质危险程度可分为剧毒（图 5-7）、高毒、中毒、低毒、微毒等。

图 5-7　剧毒品标识

二、实验室常见的有毒物质

（一）刺激性气体

1. 氯气（Cl_2）

氯溶于水生成盐酸和次氯酸，产生局部刺激。主要损害上呼吸道和支气管的黏膜，引起支气管痉挛、支气管炎和支气管周围炎，严重时引起水肿。吸入高浓度氯后会引起迷走神经反射性心跳停止，呈"电击样"死亡。

2. 二氧化硫（SO_2）

二氧化硫被吸入人体呼吸道后，在黏膜润湿表面上生成亚硫酸和硫酸，产生强烈的刺激作用。大量吸入可引起喉水肿、肺水肿、声带痉挛而窒息。

3. 氨（NH_3）

氨对上呼吸道有刺激和腐蚀作用，高浓度时可引起接触部位的碱性化学灼伤，组织呈溶解性坏死，并可引起呼吸道深部及肺泡损伤，发生支气管炎、肺炎和肺水肿。氨被吸收进入血液，可引起糖代谢紊乱及三羧酸循环障碍，降低细胞色素氧化酶系统的作用，导致全身组织缺氧。

（二）窒息性气体

1. 一氧化碳（CO）

一氧化碳被吸入后，经肺泡进入血液循环，一氧化碳与血红蛋白生成碳氧血红蛋白，碳氧血红蛋白无携氧能力，又不易离解，造成全身各组织缺氧。

2. 氰化氢（HCN）

氰化氢与体内氧化型细胞色素氧化酶的三价铁离子有很强的亲和力，与之牢固结合后，酶失去活性，阻碍生物氧化过程，使细胞不能利用氧，造成内窒息。

3. 硫化氢（H_2S）

硫化氢是既有刺激性又有窒息性的气体。硫化氢对黏膜有强烈的刺激作用，而且被吸收后与氧化型细胞色素氧化酶作用，抑制酶的活性，使组织发生内窒息。

（三）金属及其化合物

1. 汞（Hg）

汞是全身性毒物。高浓度的汞可直接引起肾小球免疫性损伤，直至尿毒症。汞能抑制 T 细胞，导致自体免疫性损害。长期吸入金属汞蒸气，可导致心悸、多汗等植物神经功能紊乱现象。汞还能减少卵巢激素分泌，可致月经紊乱和妊娠异常。

2. 铅（Pb）

铅是全身性毒物，主要影响卟啉代谢。卟啉是合成血红蛋白的主要成分，因此它会影响血红素的合成，产生贫血。铅可引起血管痉挛、视网膜小动脉痉挛和高血压等。铅还作用于脑、肝等器官，使之发生中毒性病变。

（四）有机化合物

1. 苯（C_6H_6）

苯的中毒机理目前还不清楚。一般认为，苯中毒是由苯的代谢产物酚引起的。酚是原浆毒物，能直接抑制造血细胞的核分裂，对骨髓中核分裂最活跃的早期活性细胞的毒性作用更明显，使造血系统受到损害。另外苯有半抗原特性，可通过共价键与蛋白质分子结合，使蛋白质变性而具有抗原性，发生变态反应。

2. 硝基苯（$C_6H_6NO_2$）和苯胺（$C_6H_6NH_2$）

硝基苯和苯胺进入人体后，经氧化变成硝基酚和氨基酚，使血红蛋白变成高铁血红蛋白。高铁血红蛋白失去携氧能力，会引起组织缺氧。这类毒物还能导致红细胞破裂，出现溶血性贫血，也可直接引起肝、肾和膀胱等脏器的损害。

3. 有机氟化物

有机氟化物主要包括二氟一氯甲烷、四氟乙烯、六氟丙烯、八氟异丁烯等。有机氟化物被吸入后，作用于肺部引起肺炎、肺水肿、肺间质纤维化，并能作用于心脏引起中毒性心肌炎。

三、有毒化学品侵入人体的途径和应急处理

有毒化学品一般是经过呼吸道、消化道、皮肤接触这三种途径侵入人体。在实验室中毒事件当中，通过呼吸道和皮肤接触侵入者居多。

（一）经呼吸道接触

呼吸道吸入是化学药品进入体内最重要的途径。即使实验室空气中有毒物质的含量较低，在实验过程中也会有一定量的有毒物质，如各种气体、溶剂的蒸气、烟雾和粉尘等不可避免地经由呼吸道进入肺部，被肺泡表面吸收，随血液循环布散全身，引起中毒。

对于经呼吸道中毒者的应急处理，首先应保持呼吸道畅通，并立即转移至室外，解开衣领和裤带，呼吸新鲜空气并注意保暖；对休克者应施以人工呼吸，但不要用口对口法，并立即送医院急救。

（二）经皮肤侵入

经表皮进入人体内的有毒物质需要越过三道屏障。第一道屏障是皮肤的角质层。第二道屏障是位于表皮角质层下面的连接角质层，其表皮细胞富含固醇磷脂，能阻止水溶性物质而不能阻止脂溶性物质的通过。这是高沸点化合物，如苯胺类、硝基苯等，入侵的主要途径。第三道屏障是表皮与真皮连接处的基膜。脂溶性毒物经表皮吸收后，还要有水溶性，才能进一步扩散和吸收。所以，水、脂均溶的有毒物质（如苯胺）易被皮肤吸收。具脂溶性而水溶性极微的苯，经皮肤吸收的量较少。毒物经皮肤进入毛囊后，可以绕过表皮障碍直接透过皮脂腺细胞和毛囊壁进入真皮，再从下面向表皮扩散，但这

个途径不如经表皮吸收严重。电解质和某些重金属，特别是汞在紧密接触后可经此途径被吸收。操作中如果皮肤上沾染上溶剂，可促使毒物贴附于表皮并经毛囊被吸收引起皮炎。

对于经皮肤侵入中毒者的救治，首先应迅速脱去污染的衣服、鞋袜等，用大量流动清水冲洗 15～30 分钟，也可用温水，禁止用热水；头面部受污染时，要注意眼睛的冲洗。

（三）经消化道侵入

许多有毒物质可以通过口腔进入人体消化系统被人体吸收。人体胃肠道的酸碱度是影响有毒物质吸收的主要因素。酸性的胃液可以减少弱碱性有毒物质的吸收。同理，将增加弱酸性有毒物质的吸收。

肠道吸收最重要的影响因素是肠内碱性环境和较大的吸收面积，弱碱性物质在胃内不易被吸收，到达小肠后转化为非电离物质可被吸收。小肠内的各种酶，可使已与有毒物质结合的蛋白质或脂肪分解，从而释放出游离毒素促进其吸收。在小肠内，物质可以经过细胞膜直接渗入细胞，这种吸收方式容易吸收大分子有毒物质。

对于经消化道侵入的中毒者，在中毒者神志清醒且合作的前提下应立即催吐。但此方法和洗胃禁用于吞强酸、强碱等腐蚀品及汽油、煤油等有机溶剂者。因为误服强酸、强碱，催吐后反而使食道、咽喉再次受到损伤。此外，导泻也是常规的治疗方法。

四、中毒的症状

（一）呼吸系统

1. 窒息

窒息是指呼吸困难、口唇青紫，直至呼吸停止。窒息可由呼吸道机械性阻塞导致。如氨、氯、二氧化硫等急性中毒时引起喉痉挛和声门水肿。窒息也可由呼吸抑制造成，如硫化氢等高浓度刺激性气体可引起迅速反射性呼吸抑制；麻醉性有毒物质及有机磷等可直接抑制呼吸中枢。单纯窒息性气体，如甲烷等，通过稀释空气中的氧造成窒息。化学窒息性气体如一氧化碳、苯胺等，通过形成高铁血红蛋白而影响红细胞的携氧功能，造成窒息。

2. 呼吸道炎症

呼吸道炎症是指鼻腔、咽喉、气管、支气管、肺部的炎症。水溶性较大的刺激性气体，如氨气、氯气、二氧化硫等，对局部黏膜产生强烈的刺激，引起充血或水肿。吸入镉、锰、铍等的烟尘可引起化学性肺炎。

3. 肺水肿

肺水肿是指肺间质或肺泡液渗出，从而导致肺组织积液、水肿。肺水肿常因吸入大量水溶性刺激性气体或蒸气导致。例如，吸入氯、氨、光气、氮氧化物、硫酸二甲酯、臭氧、溴甲烷等。

（二）神经系统

1. 中毒性脑病

中毒性脑病是指由中毒引起的脑部严重的器质性或机能性病变。中毒性脑病主要症状为头晕、头痛、恶心、乏力、嗜睡、呕吐、视力模糊、不同程度的意识障碍、幻觉、昏迷等。有的患者有癫病样发作或类精神分裂症、抑郁症、躁狂症等。还有的患者表现为植物神经系统失调，如脉搏减慢、血压和体温降低、多汗等。所谓"亲神经性有毒物质"是引起中毒性脑病的罪魁祸首。常见的有有机汞、有机磷、铊、磷化氢、汽油、二硫化碳、苯、溴甲烷、环氧乙烷、三氯乙烯、甲醇等。

2. 周围神经炎

周围神经炎是周围神经系统发生结构变化与功能障碍的疾病。铊、二硫化碳、三氧化二砷中毒均可出现周围神经炎。

第五节　危险化学品的腐蚀性

一、腐蚀性物质的定义与分类

凡能腐蚀人体、金属和其他物质的物质，称为腐蚀性物质。按腐蚀性的强弱，腐蚀性物质可分为两级，按其酸碱性及有机物、无机物则可分为八类。腐蚀品标识见图5-8。

图 5-8　腐蚀品标识

（一）一级无机酸性腐蚀物质

这类物质具有强腐蚀性和酸性。主要是一些具有氧化性的强酸，如氢氟酸、硝酸、硫酸、氯磺酸等。还有遇水能生成强酸的物质，如二氧化氮、二氧化硫、三氧化硫、五氧化二磷等。

（二）一级有机酸性腐蚀物质

这类物质是指具有强腐蚀性及酸性的有机物，如甲酸、氯乙酸、磺酸酰氯、乙酰氯、苯甲酰氯等。

（三）二级无机酸性腐蚀物质

这类物质主要是氧化性较差的强酸，如烟酸、亚硫酸、亚硫酸氢铵、磷酸等，以及与水接触能部分生成酸的物质，如四氯化碲。

（四）二级有机酸性腐蚀物质

二级有机酸性腐蚀物质主要是一些较弱的有机酸，如乙酸、乙酸酐、丙酸酐等。

（五）无机碱性腐蚀物质

这类物质是指具有强碱性的无机腐蚀物质，如氢氧化钠、氢氧化钾，以及与水作用能成碱性的腐蚀物质，如氧化钙、硫化钠等。

（六）有机碱性腐蚀物质

这类物质是指具有碱性的有机腐蚀物质，主要是有机碱金属化合物和胺类，如二乙醇胺、甲胺、甲醇钠。

（七）其他无机腐蚀物质

这类物质有漂白粉、三氯化碘、溴化硼等。

（八）其他有机腐蚀物质

其他有机腐蚀物质如甲醛、苯酚、氯乙醛、苯酚钠等。

二、腐蚀性物质的特性

（一）强烈的腐蚀性

这种性质是腐蚀性物质的共性。它对人体、设备、建筑物、构筑物、车辆船舶的金属结构都有很大的腐蚀和破坏作用。

（二）氧化性

腐蚀性物质如硝酸、浓硫酸、氯磺酸、过氧化氢、漂白粉等，都是氧化性很强的物质，与还原剂或有机物接触时会发生强烈的氧化-还原反应，放出大量热，容易引起燃烧。

（三）遇水发热性

多种腐蚀性物质遇水会放出大量热，造成液体四处飞溅，致使人体灼伤。

（四）毒害性

许多腐蚀性物质不仅本身毒性大，而且会产生有毒蒸气，如 SO_3、HF 等。腐蚀性物质接触人的皮肤、眼睛或进入肺部、食道等，会对表皮细胞组织产生破坏作用而造成灼伤。灼伤后常引起炎症，甚至造成死亡。固体腐蚀性物质一般直接灼伤表皮，而液体或气体状态的腐蚀性物质，如氢氟酸、烟酸、四氧化二氮等会很快进入人体内部器官。

（五）燃烧性

许多有机腐蚀性物质不仅本身可燃，而且能挥发出易燃蒸气。

第六节 危险化学品的储存与使用安全

一、储存安全

1. 危险化学品应储存在合适的容器中，贴有规范标签。见图 5-9~图 5-11。

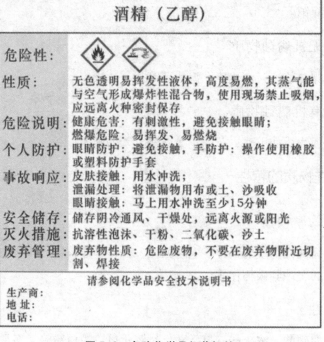

图 5-9 危险化学品规范标签

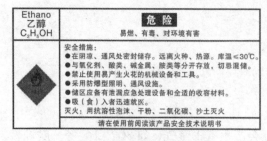

图 5-10 危险化学品规范标签

图 5-11 危险化学品规范标签

2. 严格按化学物质的相容性分类存放。

3. 易燃、易爆及强氧化剂只能少量存放，且储存于阴凉避光处。

4. 易燃且易挥发液体需储存在通风良好的试剂柜里，远离火源，严禁存放在普通冰箱中。

5. 剧毒药品专柜上锁，专人（两人）保管。

6. 定期检查所储存的化学品，及时更换脱落或破损的试剂瓶标签。及时清理变质或过期的化学品，并委托具有处理资质的单位对其进行处理。

二、个人使用安全

为了减少实验室人身伤害事故的发生，降低实验风险，保护实验人员的安全、健康，每位实验人员都需要做好个人防护。做好个人防护，不仅需要正确选用和穿戴防护用品，还需要养成良好的实验习惯。

（一）面部防护

用于面部的防护用品有防护眼镜、防护眼罩和防护面罩。

1. 防护眼镜

在所有进行化学实验或有化学物质溅出风险的场所。防护眼镜（图5-12）是对眼部最基本的保障，进入实验室需佩戴防护眼镜。防护眼镜可以有效防止固体（粉尘和飞物）进入眼中，但不能有效地阻止飞溅向脸部的化学试剂进入眼中。使用高反应活性物质，进行加压反应，或使用大量腐蚀性、有毒或高温化学试剂时，必须使用带防护面罩的护目镜。

2. 防护眼罩

可以防止有毒气体、烟雾，飞溅的液体、颗粒物及碎屑对眼睛的伤害。某些防护眼镜的镜片采用能反射或吸收辐射线，但能透过一定可见光的特殊玻璃制成，用于防御紫外线或强光等对眼睛的危害，如防辐射护目镜和焊接护目镜等。各类防护眼罩见图5-13。

需要注意的是，普通眼镜不能起到可靠的防护作用，实验过程中需额外佩戴防护眼罩。另外，不要在化学实验过程中佩戴隐形眼镜。

OTG防护眼镜（内可佩戴近视镜）

护目镜（防止液体喷溅使用）

图5-12　防护眼镜　　　　**图5-13　防护眼罩**

3. 防护面罩

当需要整体考虑眼睛和面部同时防护的需求时可使用防护面罩，如防酸面罩、防毒面罩、防热面罩和防辐射面罩等。

（二）手部防护

化学物质以及对皮肤有刺激性的药剂在开启和使用时易对手部造成伤害。如强酸、强碱落到皮肤上即产生烧伤，且有强烈的疼痛。接触石油烃类如汽油对皮肤有脂溶性和刺激性，使皮肤干燥、皲裂，个别人会起红斑、水疱。高温物体在取用时会对手部造成烫伤。在装配或拆卸玻璃仪器装置时，出现破损会对手部造成割伤。所以在实验室佩戴防护手套尤为重要。

防护手套按用途可分为化学防护手套、高温耐热手套、防辐射手套、低温防护手套、焊接手套、绝缘手套、机械防护手套等。由于各种化学物质对不同材质的手套具有一定渗透能力，因此化学防护手套又有多个品种。下面介绍几种实验室常用的化学防护手套。

1. 天然橡胶手套

材料为天然橡胶，柔曲性好，富有弹性，佩戴舒适，具备较好的抗撕裂、刺穿、磨损和切割性能，广泛用于实验室。橡胶手套（图5-14）对水溶液，如酸、碱、盐的水溶液具有良好的防护作用。但不能接触油脂和碳氢化合物的衍生物，接触后会发生膨胀降解而老化。天然橡胶中含有可能引起过敏反应的乳胶蛋白，不能很好地适合每一位使用者。

2. 一次性乳胶手套

基本材质同天然橡胶手套，采用无粉乳胶加工而成，无毒、无害；拉力好，贴附性好，使用灵活；表面化学残留物低，离子含量低，颗粒含量少，适用于严格的无尘环境，常用于生物医药、医疗、精密电子、食品行业。一次性乳胶手套（图5-15）也含有可能引起过敏反应的乳胶蛋白。

3. PE手套

又称一次性PE手套（图5-16），采用聚乙烯吹膜压制而成的一次性透明薄膜手套可左右手混用，具有无毒、防水、防油污、防细菌、抗菌、耐酸耐碱的特性，使用非常方便，但不耐磨损。广泛用于化验检验、餐饮、食品、卫生、家庭清洁、机械园艺等。

4. 手套选择与使用注意

（1）选用的手套要具有足够的防护作用；

（2）使用前，尤其是一次性手套，要检查手套有无小孔或破损、磨蚀处，尤其是指缝；

（3）使用中不要将污染的手套任意丢放；

（4）摘取手套一定要注意方法正确，防止将手套上沾染的有害物质接触到皮肤和衣服，造成二次污染；

（5）不要共用手套，共用手套容易造成交叉感染；

（6）戴手套前要洗净双手，摘掉手套后也要洗净双手，并擦护手霜以补充保护油脂；

（7）戴手套前要治愈或罩住伤口，阻止细菌或化学物质进入血液；

（8）不要忽略任何皮肤红斑或痛痒、皮炎等皮肤问题，如果手部出现干燥、刺痒、水疱等，要及时请医生诊治。

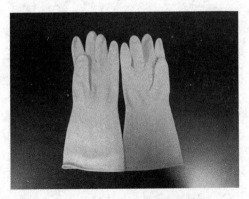

图5-14　天然橡胶手套

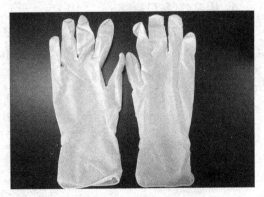

图5-15　一次性乳胶手套

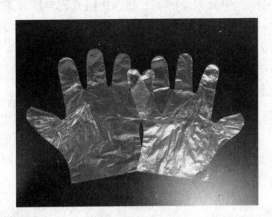

图5-16　PE手套

（三）身体防护

防护服可以防止躯体受到各种伤害，同时防止日常着装受污染。普通的防护服，即实验服，一般多以棉或麻为材料，制成长袖、过膝的对襟大褂形式，颜色多为白色，俗称白大褂。实验危害性和污染较小时，还可穿着防护围裙。当进行一些对身体危害较大的实验时，需穿着专门的防护服。如防射线的铅制防护服；适用于高温或低温作业的防护服要能隔热式保温；适用于潮湿或浸水环境的防护服要能防水；可能接触化学液体时穿着的防护服要具有化学防护功能（图5-17）；在特殊环境穿着的防护服要注意阻燃、防静电、防射线等。

（四）呼吸防护

实验室中一般使用防护口罩、防毒面具防止有毒气体或粉尘对呼吸系统的伤害。

图5-17　防化学喷溅防护服

1. 棉布/纱布口罩

其功能与厚度相关，但由于纱布纤维之间的间隙大，仅能过滤空气中较大的颗粒物，阻挡口鼻飞沫，且对空气中微粒的过滤能力极为有限，对有害气体的过滤作用几乎没有。优点是可以洗涤后反复使用。

2. 一次性无纺布口罩

经过静电处理的无纺布不仅可以阻挡较大的粉尘颗粒，而且还可利用其表面的静电荷引力将细小的粉尘吸附住，具有较高的阻尘效率。同时滤料的厚度很薄，大大降低了使用者的呼吸阻力，舒适感很好。

3. 活性炭口罩

由无纺布、活性炭纤维布、熔喷布等材料构成，为一次性口罩。由于口罩内装有活性炭素钢纤维滤片，对空气中低浓度的苯、氨、甲醛及有异味和恶臭的有机气体、酸性挥发物、农药、刺激性气体等多种有害气体及固体颗粒物可起到吸附、阻隔作用，具备防毒和防尘的双重作用。实验室常用口罩见图 5-18 和图 5-19。

4. 防毒面具

防毒面具（图 5-20）根据配套滤盒不同，可以对颗粒、粉尘病毒、有机气体、酸性气体、无机气体、酮类、氨气、汞蒸气、二氧化硫等几十种气体起过滤作用。防毒面具本身不具有防毒功能，防毒面具需与相对应的滤盒、滤棉等过滤产品配套使用，才能达到滤毒效果。使用时面具可以长期使用，配套滤盒需定期更换，滤盒一般可以使用 15~30 天。

实验室常见防毒面具见图 5-20。

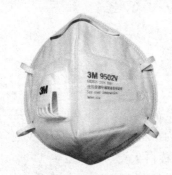

图 5-18　防非油性颗粒物口罩

图 5-19　防有机气体及粉尘颗粒物口罩

图 5-20　实验室常见防毒面具

（五）足部防护

实验人员不得在实验室内穿着拖鞋。根据实验的危险特点，需穿着防腐蚀、防渗透、防滑、防砸、防火花的保护鞋。

附：实验室常见危险化学品防护要求　见表5-8。

表5-8　实验室常见危险化学品防护表要求

名称	毒性	安全防护要求
三氯乙酸	强腐蚀性	戴手套
甲酰胺	可导致畸胎，刺激黏膜和上呼吸道	戴手套、护目镜，在通风橱内操作
甲酸	剧毒，对黏膜组织有极大伤害	戴手套、护目镜，在通风橱内操作
甲醛	剧毒性和挥发性，致癌	戴手套、护目镜，在通风橱内操作
苯乙醇	吸入、摄入、皮肤吸收可造成伤害	戴手套、护目镜
苯二胺	吸入、摄入、皮肤吸收可造成伤害	在通风橱内操作
苯甲酸	吸入、摄入、皮肤吸收可造成伤害	戴手套、护目镜
苯酚	剧毒和高度腐蚀性，可致严重烧伤	戴手套、护目镜，在通风橱内操作
氢氧化钠	溶液有剧毒，强碱性	戴手套
氢氧化钾	剧毒	戴手套
秋水仙碱	剧毒，可致死，可导致癌症和可遗传的基因损害	戴手套、护目镜，在通风橱内操作
氨基乙酸	皮肤伤害	戴手套
硝酸	有挥发性，吸入、摄入、皮肤吸收可造成损伤	戴手套、护目镜，在通风橱内操作
硝酸银	强氧化剂，与其他物质接触会发生爆炸	戴手套、护目镜，在通风橱内操作
硫酸	剧毒，对黏膜组织和皮肤有极大损伤，可造成烧伤	戴手套、护目镜，在通风橱内操作
硫酸镁	吸入、摄入、皮肤吸收可造成损伤	戴手套、护目镜，在通风橱内操作
氯化铵	吸入、摄入、皮肤吸收可造成损伤	戴手套、护目镜，在通风橱内操作
氯化锌	有腐蚀性，对胎儿有潜在危险	戴手套、护目镜，在通风橱内操作
氯仿	刺激眼睛、呼吸道、皮肤和黏膜，致癌，有肝、肾毒性	戴手套、护目镜，在通风橱内操作
硼酸	吸入、摄入、皮肤吸收可造成伤害	戴手套、护目镜
碳酸钠	吸入、摄入、皮肤吸收可造成伤害	戴手套、口罩
磷酸	高腐蚀性	戴手套
磷酸钠	吸入、摄入、皮肤吸收可造成伤害	戴手套、口罩
磷酸氢钠	吸入、摄入、皮肤吸收可造成损伤	戴手套、护目镜，在通风橱内操作
磷酸钾	吸入、摄入、皮肤吸收可造成损伤	戴手套、护目镜，在通风橱内操作

本章测试

（一）判断题

1. 燃烧就是可燃物质与氧或氧化剂发生剧烈氧化反应而发光发热的现象。（   ）
2. 易燃物质是指在空气中容易着火燃烧的物质，包括固体、液体和气体。（   ）
3. 燃烧必须同时具备可燃物、助燃物和着火源三个条件。（   ）
4. 按照燃烧的特性不同，燃烧可分为自燃、闪燃和着火三种类型。（   ）
5. 可燃物质受热升温而不需点火源作用就能自行着火的现象称为自燃。（   ）
6. 爆炸是物质瞬间突然发生物理或化学变化，同时释放出大量气体和能量（光能、热能、机械能）并伴有巨大声响的现象。（   ）
7. 按性质分类，爆炸可分为物理性爆炸、化学性爆炸及核爆炸三大类。（   ）
8. 物理性爆炸的特征是爆炸前后，爆炸物质的化学成分及性质均不变化。（   ）
9. 由物质在短时间内完成化学反应，形成新物质，产生高温、高压而引起的爆炸称为化学性爆炸。（   ）
10. 化学爆炸前后，物质的性质和成分均发生根本的变化。（   ）
11. 有毒化学品侵入人体的途径为呼吸道、消化道、皮肤接触。（   ）
12. 腐蚀性物质具有腐蚀性、氧化性、遇水发热性、燃烧性、毒害性。（   ）

（二）单选题

1. 液体的闪点（   ），其燃爆危险性越大。
   A. 越低   B. 越高
2. 闪点 $T \leqslant 28℃$ 的液体是（   ）
   A. 乙醇   B. 丁醇   C. 柴油   D. 植物油
3. 闪点 $28℃ < T \leqslant 45℃$ 的液体是（   ）
   A. 乙醇   B. 丁醇   C. 柴油   D. 植物油
4. 闪点 $45℃ < T \leqslant 120℃$ 的液体是（   ）
   A. 乙醇   B. 丁醇   C. 柴油   D. 植物油
5. 闪点 $T > 120℃$ 的液体是（   ）
   A. 乙醇   B. 丁醇   C. 柴油   D. 植物油

（三）多选题

1. 下列属于易燃液体的危险化学品是（   ）
   A. 汽油   B. 乙醚   C. 煤油   D. 戊醇   E. 矿物油

2. 下列属于可燃液体的危险化学品是 （　　　）
　　A. 汽油　　　　　B. 乙醚　　　　　C. 煤油　　　　　　D. 戊醇　　　　　　E. 矿物油

3. 按有毒物质的化学结构可分为 （　　　）和 （　　　）
　　A. 有机有毒物质　　　　　　　　B. 麻醉性有毒物质
　　C. 窒息性有毒物质　　　　　　　D. 无机有毒物质

4. 实验室常见的刺激性有毒气体有 （　　　）
　　A. 氯气　　　　　B. 二氧化硫　　　C. 一氧化碳　　　D. 氨

5. 实验室常见的窒息性有毒气体有 （　　　）
　　A. 氯气　　　　　B. 汞　　　　　　C. 一氧化碳　　　D. 硫化氢

6. 对于消化道侵入中毒者，常规的应急方法为 （　　　）
　　A. 催吐　　　　　　　　　　　　B. 洗胃
　　C. 大量清水冲洗　　　　　　　　D. 清泻

7. 下列属于一级无机酸性腐蚀物质的是 （　　　）
　　A. 硝酸　　　　　B. 磷酸　　　　　C. 硫酸　　　　　D. 亚硫酸

8. 下列属于二级无机酸性腐蚀物质的是 （　　　）
　　A. 硝酸　　　　　B. 磷酸　　　　　C. 硫酸　　　　　D. 亚硫酸

9. 下列属于一级有机酸性腐蚀物质的是 （　　　）
　　A. 甲酸　　　　　B. 乙酸　　　　　C. 氯乙酸　　　　D. 乙酸酐

10. 下列属于二级有机酸性腐蚀物质的是 （　　　）
　　A. 甲酸　　　　　B. 乙酸　　　　　C. 氯乙酸　　　　D. 乙酸酐

11. 下列属于无机碱性腐蚀物质的是 （　　　）
　　A. 氢氧化钠　　　B. 氧化钙　　　　C. 甲胺　　　　　D. 甲醇钠

12. 下列属于有机碱性腐蚀物质的是 （　　　）
　　A. 氢氧化钠　　　B. 氧化钙　　　　C. 甲胺　　　　　D. 甲醇钠

13. 有毒化学品侵入人体的途径为 （　　　）
　　A. 呼吸道　　　　B. 消化道　　　　C. 皮肤接触

第六章 化学实验室安全操作 ▷▷▷

第一节 化学试剂的使用及取用安全操作

一、化学试剂的使用安全操作

为了保证试剂的质量和纯度，保证实验室人员的人身安全，要掌握化学试剂的性质和使用方法。

应熟知最常用试剂的性质，如市售酸碱的浓度，试剂在水中的溶解性，有机溶剂的沸点，试剂的毒性及其化学性质等。有危险性的试剂可分为易燃易爆危险品、毒品、强腐蚀剂 3 类。

要注意保护试剂瓶的标签，它表明试剂的名称、规格、质量，万一掉失应照原样贴牢。分装或配制试剂后应立即贴上标签。绝不可装入非标签指明的物质。无标签的试剂可取小样检定，不能用的要慎重处理，不应乱倒。

不可用鼻子对准试剂瓶口猛吸气，如果需嗅试剂的气味，可将瓶口远离鼻子，用手在试剂瓶上方扇动，使空气流吹向自己而闻出其味（图6-1）。绝不可用舌头品尝试剂。

二、化学试剂的取用安全操作

图6-1 嗅试剂气味的方法

为了使试剂不被污染，取用试剂时应遵守以下规则。

①取用试剂前，应看清标签。

②开封原装试剂瓶取用前，要仔细除去封口（火漆、胶或石蜡）。开封时不要让杂质落入瓶内，打开瓶盖后，里面如有软木塞，则可用锥子斜刺入软木塞，慢慢撬开。

③从广口瓶取用试剂时，打开瓶塞，将瓶塞倒放在实验台上。如果瓶塞顶不是扁平的，可用食指和中指将瓶塞夹住（或放在清洁的纸上），绝不能将它横放在实验台上。

④不能用手或其他不洁物体接触化学试剂，应用药勺取用。

⑤绝不允许瓶塞、药勺、滴管互相串用。取出的试剂不能倒回原瓶。

⑥应当尽量少取试剂；取用试剂时，转移次数越少越好。

⑦每次取用试剂后都应立即盖严瓶塞，把试剂瓶放回原处并使标签朝外。

（一）固体试剂的取用

1. 要用清洁干燥的药勺取试剂。药勺的两端为大小两个勺，分别用于取大量固体和少量固体，也可用玻璃棒自制。药勺应专用，或者用过的药勺必须洗净擦干后才能再使用。用过的药勺必须洗净晾干后存放在干净的器皿中。

2. 取药品不要超过指定用量，多取的不能倒回原瓶，可放在指定容器中供他人使用。

3. 向试管（特别是湿试管）中加入粉末状固体时，可用药勺将取出的药品放在对折的纸上，伸入平放的试管中约 2/3 处，然后直立试管，使药品落下。加入块状固体时，应将试管或其他反应容器倾斜，使其沿管壁慢慢滑下，不得垂直悬空投入，以免击破反应容器底（见图 6-2）。

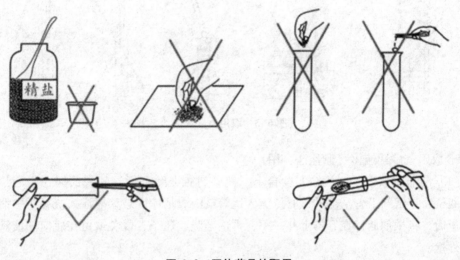

图 6-2　固体药品的取用

4. 固体颗粒较大时，可在清洁干燥的研钵中研碎，然后取用。研钵中所盛固体的量不要超过研钵容量的 1/3。

5. 剧毒药品要在教师指导下取用。

6. 要求取用一定质量的固体时，可把固体放在干燥的纸上称量。具有腐蚀性或易潮解的固体应放在表面皿上或玻璃容器内称量。

（二）液体试剂的取用

1. 取用少量液体（滴管转移法，图 6-3）

（1）从滴瓶中取用试剂时，应提起滴管，使管口离开液面。用手指捏滴管上部的橡皮胶头，以赶出滴管中的空气，然后把滴管伸入试剂瓶中，放松手指，再提起滴管，垂直地放在试管口或烧杯上方，将试剂逐滴滴入。一般滴管滴出 20~25 小滴试液约 1mL，10 大滴约为 1mL。

（2）滴加试剂时，绝对禁止将滴管伸入试管中或接触接收容器的器壁，更不能将滴管伸入到其他液体中。

（3）滴瓶上的滴管只能专用，绝不能串用。用完后立即将滴管插回原来的滴瓶中，不能乱放，以免玷污。

（4）从滴瓶中取试剂时，要用滴瓶中的滴管，不要用别的滴管。从试剂瓶中取少量液体试剂时，如用滴管取，则滴管一定要洗净，干燥。

（5）滴管从滴瓶中取试剂不能取得太满，应保持橡皮胶头在上，不能平放或斜放，以防滴管中的试液流入，腐蚀橡皮胶头，玷污试剂。

（6）滴加试液后，应将剩余液体挤入滴瓶中，不能捏着橡皮胶头将滴管放回滴瓶，以免滴管中吸入试剂，使试剂蒸气腐蚀橡皮胶头，玷污试剂。

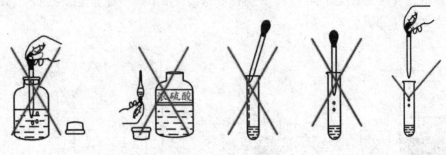

图 6-3　取用少量液体

2. 取用较多量液体（倾注法，图 6-4）

（1）将瓶塞取下，倒放在实验台上，把试剂瓶上贴有标签的一面握在手心，逐渐倾斜瓶子，让试剂沿着洁净的试管壁流入试管或沿着洁净的玻璃棒注入烧杯中。取出所需的量后，将试剂瓶口在容器上靠一下，再逐渐竖起瓶子，以免遗留在瓶口的液滴流到瓶的外壁。

（2）已取出的试剂不能再倒回试剂瓶。倒入容器的液体不应超过容器容量的 2/3，加入试管的液体则以不超过试管容量的 1/3 为宜。

（3）定量取用液体时，用量筒或移液管度量。量筒用于度量一定体积的液体，根据需要可选用不同容量的量筒。量取液体时，使视线与量筒内液体的凹液面的最低处保持水平，偏高或偏低都会读不准而造成较大的误差。

图 6-4　取用较多量液体

（4）特殊试剂的取用：取用一些有危险性的试剂（如金属钠、白磷、液溴等）时要特别注意安全和方法。取用白磷应在水中进行，取出后直接放入反应器中，切不可在空气中放置时间过长，以免发生危险。取出的钠要用滤纸吸去表面的石蜡油方可进行实验。取用液溴要特别小心，可用细长滴管伸入试剂瓶底部吸取，直接注入反应器中，要防止滴落在皮肤上。

第二节　酒精灯、喷灯的安全操作

一、酒精灯的安全操作

酒精灯是以酒精为燃料的加热设备，使用不当有可能引起失火或爆鸣，甚至发生爆炸。

1. 酒精灯的使用方法

（1）使用酒精灯之前，应该先检查灯芯和酒精量。打开灯帽，放置在旁边，检查灯芯是否良好，如灯芯顶端不整齐或者已烧焦，请勿使用，再查看灯内有无酒精。容器内酒精不能超过酒精灯容积的 2/3 或少于酒精灯容积的 1/4。切勿在燃着的酒精里添加酒精（图 6-5），以免失火。

酒精　　　　酒精

图 6-5　添加酒精

（2）点燃酒精灯时应从下往上点。切勿用一个酒精灯点燃另一个酒精灯（图 6-6），以免流出酒精引起火灾。

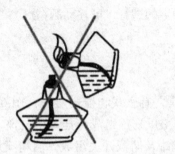

图 6-6　点燃酒精灯

（3）酒精灯分为外焰、内焰和焰心（图 6-7）。外焰温度较高，焰心温度低，一般用外焰加热。

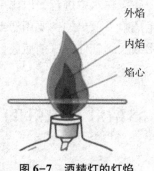

外焰

内焰

焰心

图 6-7 酒精灯的灯焰

（4）使用完毕后，必须用灯帽盖灭酒精灯（图 6-8）。然后拔下灯帽，稍等片刻再盖上。不得用嘴吹灭酒精灯。

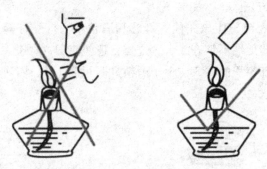

图 6-8 熄灭酒精灯

2. 酒精灯使用注意事项

（1）若酒精洒出，在桌面燃烧，应用湿布扑盖使其熄灭。

（2）试管、蒸发皿、燃烧匙等，可用酒精灯直接加热；烧杯、烧瓶，用酒精灯加热时要垫石棉网；量筒、集气瓶、漏斗等不能加热。

（3）加热仪器外壁要干燥，以免容器炸裂。

（4）加热药品时用试管夹夹持试管或用铁架台固定，给试管中的药品加热时，应在火焰上来回移动试管，预热试管（加热已固定的试管，可移动酒精灯），防止受热不均引起试管破裂，然后在固定在药品处加热。

二、酒精喷灯安全操作

酒精喷灯也是实验室常用的加热器具，有座式和挂式两种（图 6-9）。座式由酒精壶、铜帽、预热盘、灯管及空气调节器（开关）组成。挂式由灯座、预热盘、空气调节器（开关）、灯管、酒精导管、酒精储罐及储藏开关组成。酒精喷灯燃烧的是酒精蒸气，火焰温度通常可达 800～1000℃。

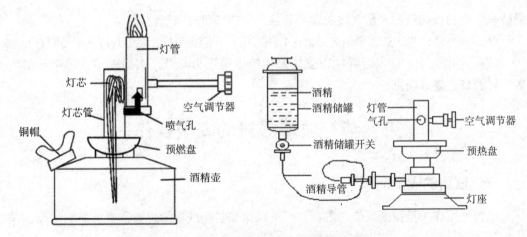

图 6-9 座式酒精喷灯和挂式酒精喷灯

1. 酒精喷灯的工作原理

酒精喷灯的工作原理是先在预燃杯中倒入适量的酒精，然后点燃杯中的酒精，使内部灯芯上的酒精受热气化，填有灯芯的铜管也迅速成为一个气化室，铜管内的酒精蒸气随喷管喷出，燃烧形成高温。

2. 酒精喷灯使用方法

（1）使用前，首先检查各部件并按说明书要求安装。

（2）在酒精储罐（或酒精壶）中装入适量的酒精（不超过其容积的 2/3），在预热盘上加满酒精（酒精不可洒在外面），然后点燃预热盘中的酒精，以加热铜质灯管。待盘中酒精将燃尽时，小心开启开关，此时进入铜质灯管内的酒精气化上升，并在铜质管口燃烧。若不燃烧，则用火柴在管口上方点燃。调节酒精进入量和空气孔的大小，得到理想的火焰，用其氧化焰部分对加热器具进行加热。

（3）使用完毕，顺时针旋转开关，可熄灭火焰。

3. 酒精喷灯的安全操作注意事项

（1）使用前先进行检查，确认灯壶不漏液；使用喷灯的场所不得有易燃物，移走与实验无关的物品，并准备一块湿抹布。

（2）观察酒精壶中有无酒精；如无酒精或量不够时，应及时添加酒精，酒精添加量不超过喷灯容积的 2/3，添加时，打开壶嘴，使酒精沿漏斗流入壶体。

（3）在预热盘内注入酒精，用火柴点燃，待盘内酒精烧尽时，灯管即可喷火；如不喷火，可再做第二次，仍不喷火，必须检查原因。

（4）在开启开关、点燃前，灯管必须充分预热，否则酒精在灯管内不能完全气化，会有液态酒精从管口喷出，形成"火雨"，易发生火灾。此时应减小酒精进入量或立即关闭开关，重新预热后再使用。

（5）调节火力时，旋钮和挡风片应同时调整，待火力达到最大时，才可进行工作。喷灯内压力不可过高，火焰应调整适当。座式酒精喷灯连续使用不要超过半小时，以免酒精壶中酒精被灼热后大量气化而发生危险。工作场所应空气流通。

（6）在使用过程中如需要添加酒精，必须降压，并熄火喷灯，待喷灯冷却后方可进行。

（7）使用完毕，应先用湿抹布盖住壶体使壶内压力降低，火焰变小，再用石棉网盖住灯管口，熄灭喷灯。

第三节　玻璃器皿的安全操作

一、试管的安全操作

试管是用作少量试剂反应的容器，便于操作和实验现象的观察，要求熟练掌握，操作如下。

1. 试管的振荡安全操作

用拇指、食指和中指持住试管的中上部，试管略倾斜，手腕用力振动试管。不得用五个指头捏住试管上下或左右振荡（见图6-10）。

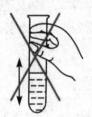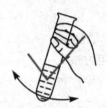

图 6-10　振荡试管操作

2. 试管加热液体的安全操作

试管中的液体一般可直接放在火焰中加热。加热时，不要用手拿，应该用试管夹夹住试管的中上部，试管与实验台约成60°倾斜。试管口不能对着别人或自己的脸部，以免发生意外。应使液体各部分受热均匀，先加热液体的中上部，再慢慢向下移动，然后不时地上下移动或振荡试管。不要集中加热某一部分，这样做容易引起暴沸，使液体冲出管外，引起烫伤（图6-11）。

图 6-11　试管中液体加热的操作

3. 试管加热固体的安全操作

将固体试剂装入试管底部，铺平，管口略向下倾斜，以免管口冷凝的水珠倒流到试管的灼热处而使试管炸裂。先用火焰来回加热试管，然后在有固体物质的部位加强热（图6-12）。

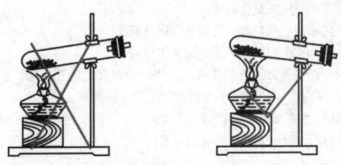

图 6-12　试管中固体加热

二、分液漏斗的安全操作

分液漏斗主要用于液体的分离、洗涤和萃取等操作。不同形状的分液漏斗有不同的用途，球形、梨形、筒形分液漏斗可以作为在反应操作过程中添加溶液的工具。

1. 分液漏斗使用步骤

（1）试漏：选择容积较液体体积大一倍以上的分液漏斗，洗净。用滤纸吸干旋塞及旋塞孔道的水分。在旋塞上薄薄地涂一层凡士林，然后将其小心插入孔道并旋转数圈，使凡士林分布均匀成透明状。用橡皮筋固定旋塞。关好旋塞，在分液漏斗中装水，观察旋塞两端有无渗漏现象，再开启旋塞，观察水是否能顺畅流下；然后盖上顶塞，用手抵住顶塞，倒置漏斗，检查其严密性。

（2）装液：将分液漏斗放在铁圈中（铁圈固定在铁架上）。将混合溶液和萃取剂依次自上口倒入分液漏斗中，塞好顶塞。

（3）振摇：取下分液漏斗振摇，以使两液相之间的接触面增加，提高萃取效率。振摇方法如图6-13所示，以右手手掌顶住漏斗磨口玻璃塞，手指（根据漏斗的大小）握住漏斗颈部或瓶身，左手持旋塞部位，大拇指和食指按住活塞柄，中指垫在塞座下，振摇时将漏斗稍倾斜，漏斗的活塞部分向上。

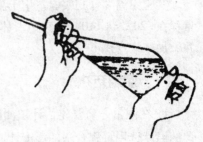

图 6-13　振摇时分液漏斗的正确持法

（4）放气：开始时振摇要慢，振摇几次以后，打开活塞，排出因振摇而产生的气体。

（5）分液：待漏斗中过量气体逸出后，再剧烈振摇2~3分钟，然后将漏斗放回铁圈中，打开顶塞，静置分层。待两层液体完全分开后，旋转上塞使之对准空气孔，再将下旋塞慢慢打开，下层液体由旋塞放出。分液时一定要分离干净，两相间出现的絮状物也应同时放出。

（6）萃取物处理：根据需要，合并所有萃取液，加入合适的干燥剂干燥，过滤，蒸去溶剂，萃取所得的有机物根据其性质可利用蒸馏、重结晶等方法进一步纯化。

2. 分液漏斗使用的注意事项

（1）分液漏斗必须检查是否漏液。

（2）顶塞不能涂油，塞好后可再旋紧，以免漏液。

（3）混合溶液和萃取剂一般为分液漏斗体积的1/3。

（4）开始时，摇振要慢。摇振几次后，用拇指和食指旋开活塞，从指向斜上方的支管口释放出漏斗内的压力，如果不及时放气，塞子可能被顶开而出现喷液。待漏斗中过量的气体逸出后，将旋塞关闭再行振摇。如此反复至放气时只有很小压力再行下步操作。放气口不得对人，以免造成伤害事故。

第四节　玻璃温度计的安全操作

玻璃温度计是价格低廉、测量准确、使用方便、无需电源的传统测温产品。在生产和生活中得到广泛的应用。以水银或有机溶液（煤油、酒精等）作为感温液。从使用方法可以分为全浸式温度计和局浸式温度计两种，全浸式温度计在测量液体时需要将玻璃温度计全部放入被测物中，局浸式只需浸入温度计上标明的指定位置即可；从刻度面形式又可分为酸蚀刻度和丝印刻度，酸蚀刻度是一种腐蚀雕刻技术，将刻度值写在玻璃棒上，丝印刻度采用丝网印刷工艺，将数字线条图形印在玻璃上，然后经过热处理形成红褐色、黑色等色彩的釉面效果，耐酸碱油腐蚀，不褪色，永不磨损。

玻璃棒式温度计通常为直型，也可根据用户的需要制作各种角度。以有机液体为感温液的玻璃温度计可以测量$-100\sim200℃$范围内的温度，而水银温度计可以测量$-30\sim600℃$范围内的温度。

实验用温度计是实验室用于测量液体温度的工具。量程在$-20℃$到$110℃$。其中液体材料为酒精或煤油，并添加红液（图6-14）。

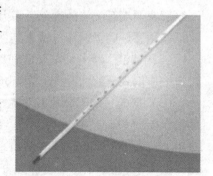

图6-14　实验室常用温度计

一、使用方法

1. 在测量之前要先估计被测液体的温度，根据估计的温度选用量程合适的温度计。

2. 手拿温度计上端，将温度计的玻璃泡全部浸入被测液体中，不要碰到容器底或容器壁（图6-15）。

3. 用温度计测定蒸馏实验的温度时，温度计水银球既不能进入蒸馏瓶的液面下方，也不能在蒸馏头侧管上方，正确的位置应该是水银球的上线与蒸馏侧管的下线在同一水平线（图6-16）。

4. 温度计的玻璃泡浸入被测液体后要稍等一会儿，待温度计示数稳定后再读数。

5. 读数时温度计的玻璃泡要继续留在液体中，视线要与温度计中液柱的上表面相平。

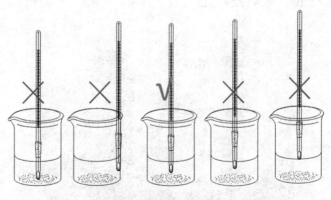

图 6-15 测量液体温度的方法

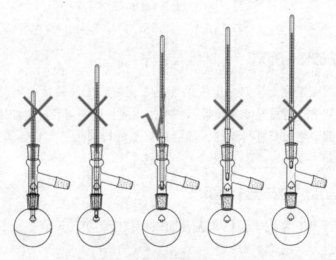

图 6-16 测量蒸馏温度的方法

二、使用注意

1. 在测温前不得甩温度计。

2. 测温时，应用手指轻捏温度计的一端，避免手的温度影响表内液体的胀缩。

3. 温度计的玻璃泡不得碰触容器的底或容器壁。

4. 读数时，应待温度计内液柱停止升降方可读数，且读数时不得将温度计拿出液面。

5. 温度计不得当作玻璃棒使用。温度计的球壁很薄，如果代替玻璃棒用于搅拌的话，可能使球体破裂。同样，温度计也不能用于过滤等操作。

第五节　马弗炉的安全操作

马弗炉（图 6-17）是一种通用加热设备，依据外观形状可分为箱式炉、管式炉、坩埚炉。应用于药品的检验、医学样品预处理，主要用于测定水分、灰分、挥发分、灰熔点分析、灰成分分析、元素分析。也可以作为通用灰化炉使用。

图 6-17 马弗炉

一、马弗炉的使用方法

接通电源之前应先检查马弗炉电气性能是否完好。无误后接通电源，打开电源开关，将温度设定到实验所需温度，如果第一次使用或长期停用后再次使用，必须进行烘炉。样品放入马弗炉之前要进行预热，随后对样品进行加热，实验完毕后，关闭开关，切断电源。

二、使用马弗炉的安全注意事项

1. 马弗炉应平放在室内牢固的水泥台面或搁架上，炉底最好垫上石棉板，防止台面温度过高损坏地面。

2. 周围不应有易燃易爆物质、酸、碱等，防止高温引发事故。

3. 控制器应避免震动，放置位置与电炉不宜太近，防止因过热造成内部元件不能正常工作。

4. 马弗炉控制器应在环境温度 0~40℃ 范围内使用。

5. 马弗炉第一次使用或长期停用后再次使用时，必须进行烘炉干燥；在 20~200℃ 打开炉门烘 2~3 小时，200~600℃ 关门烘 2~3 小时。

6. 装取试样时一定要切断电源，以防触电。

7. 装取试样时炉门开启时间应尽量短，以延长马弗炉使用寿命。

8. 禁止向炉内灌注各种液体及易溶解的金属，马弗炉最好在低于最高温度 50℃ 以下工作。炉温最高不得超过额定温度，以免烧毁电热元件。

9. 不得将沾有水和油的试样放入炉膛；不得用沾有水和油的夹子装取试样。

10. 装取试样时不能徒手拿取（图 6-18），需要戴石棉手套，以防烫伤。

11. 把坩埚放入马弗炉或从炉中取出时，要在炉口停留片刻，使坩埚预热或冷却，防止因温度剧变而使坩埚破裂；坩埚钳在钳热坩埚时，要在电炉或马弗炉上预热片刻。

图 6-18　不得徒手装取试样

12. 使用完毕后应切断电源；但是不能立即打开炉门，以免炉膛因突然受冷而破裂。一般是先开一条小缝，使炉温很快下降，再打开炉门，用坩埚钳取出被烧物件。

13. 灼烧后的坩埚应冷却到 200℃以下再移入干燥器中。

第六节　各类气瓶的安全操作

专家对近几年实验室爆炸事故进行统计，发现气体爆炸造成的伤亡人数最多，危害性最大。现代化学实验室一般配有多种分析仪器，部分仪器需要用到高纯度气体。按国家标准规定，装有不同高纯度气体的钢瓶涂成不同颜色以示区别。见表 6-1。

表 6-1　各种钢瓶瓶身颜色、字体颜色

气体钢瓶	外观
氧气钢瓶	瓶身天蓝色，黑字
氮气钢瓶	瓶身黑色，黄字
压缩空气钢瓶	瓶身黑色，白字
氢气钢瓶	瓶身深绿色，红字
石油液化气钢瓶	瓶身灰色，红字

一、化学实验室常用气体的安全储用

（一）化学实验室几种特殊气体的性质

1. 乙炔

乙炔是极易燃烧、容易爆炸的气体。含有 7%～13%乙炔的乙炔和空气混合气，或含有 30%乙炔的乙炔和氧气混合气最易发生爆炸。乙炔和氯、次氯酸盐等化合物也会发生燃烧和爆炸。

存放乙炔气瓶的地方，要求通风良好。使用时应装上回闪阻止器，还要注意防止气体回缩。如发现乙炔气瓶有发热现象，说明乙炔已发生分解，应立即关闭气阀，并用水冷却瓶体，同时最好将气瓶移至远离人员的安全处加以妥善处理。

发生乙炔燃烧时，绝对禁止用四氯化碳灭火。

2. 氢气

氢气密度小，易泄漏，扩散速度很快，易和其他气体混合。氢气与空气混合气爆炸极限为 4%~75%，到此极限后，极易引起自燃自爆，燃烧速度约为 2.7m/s。

氢气应单独存放，最好放置在室外专用的小屋内，以确保安全，严禁放在实验室内，严禁烟火。平时应旋紧气瓶开关阀。

3. 氧气

氧气是强烈的助燃气体，高温下，纯氧十分活泼；温度不变而压力增加时，可以和油类发生急剧化学反应，并引起发热自燃，进而产生强烈爆炸。

氧气瓶一定要防止与油类接触，并绝对避免让其他可燃性气体混入氧气瓶；禁止用（或误用）盛装其他可燃性气体的气瓶来充灌氧气。氧气瓶禁止放于阳光曝晒的地方。

4. 氧化亚氮（笑气）

具有麻醉兴奋作用，受热时可分解为氧和氮的混合物，如遇可燃性气体即可与此混合物中的氧化合燃烧。

（二）一般高压气瓶存放、使用注意事项

高压气瓶内存放的气体是经过压缩后贮存于耐压钢瓶内，由于它具有受热的膨胀性，当压力超过容器的耐压程度时，就会造成爆炸。为安全使用，需要掌握有关高压气瓶的常识。

1. 高压气瓶要远离热源，避免曝晒和强烈振动（图 6-19）。

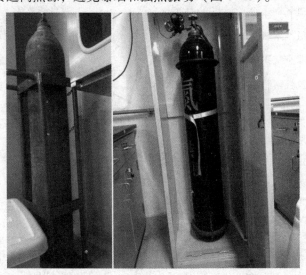

图 6-19　各种高压气瓶

2. 存放高压气瓶的房间禁止吸烟。

3. 每台仪器设备单独配置高压气瓶，分别满足每台仪器设备的使用。一般实验室内存放气瓶量不得超过两瓶。

4. 必须分类保管，专瓶专用，不得擅自改装，以免性质相抵触的气体混合发生化学反应进而产生爆炸。瓶体应贴有仪器设备状态标识卡（图6-20）。

仪器设备状态标示卡		编号：YXY-LH-0001
	设备名称	
	规格型号	
	设备编号	
	技术状态	
	责任单位	
	责任人	

图6-20　仪器设备状态标示卡

5. 高压气瓶上选用的减压器要分类专用，安装时螺口要旋紧，防止泄漏；开、关减压器和开关阀时，动作必须慢；使用时应先旋动开关阀，后开减压器；用完，先关闭开关阀，放尽余气后，再关减压器。切不可只关减压器，不关开关阀（图6-21）。

图6-21　二氧化碳气体钢瓶开关阀门、减压阀

6. 使用高压气瓶时，操作人员应站在与气瓶接口垂直的位置上。气瓶若卧放使用，一旦气瓶阀门掉落跑气，由于巨大反作用力，气瓶将向前冲或在地面打转，若附近有人，将会伤及人员。

7. 应经常检查有无漏气（刷肥皂水），并注意压力表读数。

8. 氧气瓶或氢气瓶等，应配备用于转移氧气瓶或氢气瓶的专用工具，密切关注易燃易爆物品，并严禁与油类接触。操作人员不能穿戴沾有各种油脂或易感应产生静电的服装、手套操作，以免引起燃烧或爆炸。

9. 气瓶必须在通风良好处保存，必须避免日晒，距离热源、明火不小于 10m，不可剧烈震动（难达到时，可采取隔离等措施）。

10. 用后的气瓶，应按规定留 0.05MPa 以上的残余压力，防止空气倒灌。可燃性气体应剩余 0.2~0.3MPa（约 2~3kg/cm^3 表压），氢气应保留 2MPa，以防重新充气时发生危险。

11. 应与易爆易燃物、氧化剂及腐蚀性的物品隔离。

12. 禁止敲击、碰撞气体钢瓶，免使气瓶受到机械损伤。

（1）运输时，应用帽盖保护气瓶开关阀（图 6-22），防止其意外转动或减少碰撞。

（2）搬运充装有气体的气瓶时，最好用特制的担架或小推车，也可以用手平抬或垂直转动。但绝不允许用手执开关阀移动。

（3）气瓶瓶体有缺陷、安全附件不全或已损坏，不能保证安全使用的，切不可再送去充装气体，应送交有关单位检查合格后方可使用。

13. 即便是惰性气体，也可能造成严重事故，当任何气体或气体混合物取代了空气，以至于呼吸的空气中氧气浓度下降，均会造成窒息等危险。如果在狭小的空间内氧气浓度低，则进入前必须先通风，若使用呼吸器进入时，则必须有人监护。

图 6-22 有帽盖的气瓶、钢瓶帽

（三）气瓶安全柜

气瓶安全柜的合理使用，能有效监控气体泄漏现象，并可改善局部排气、通风，防止气体积聚，减少或降低燃爆、中毒等事故的发生，保护气瓶不受柜外火灾影响，同时也能保护周围仪器设备免受气瓶火灾的损害。有利于降低事故发生概率或减少事故损失，保护实验人员的健康、生命及财产安全。

1. 气瓶安全柜的放置

应安装在远离火源、高温及振动的地方，其周边通风应尽可能良好，柜体靠墙放置，并调整地脚，使柜体保持水平（图 6-23）。

2. 气瓶的安装

将同类气瓶装入固定架上（图 6-24），检查无误后，将固定带锁紧（以气瓶不摇动为妥）。将相应的气压表（减压阀）牢固地接在气瓶上，将气线从气线孔引出。当气路检查无误后，打开气阀，调整到相应的压力值，并仔细检查有无泄漏情况。严禁拆卸安全玻璃门，使气线直接从玻璃门或不通过气线孔引出。

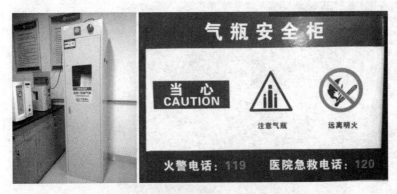

图 6-23　气瓶安全柜外观及放置（气瓶安全柜警示标志）

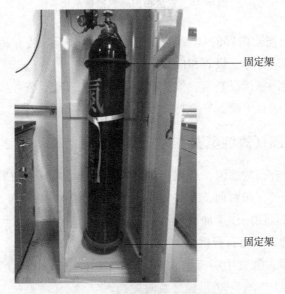

固定架

固定架

图 6-24　置于固定架上的气瓶

3. 注意事项

（1）气瓶安全柜在正常使用时，要定期进行漏气测试，以免柜内漏气报警系统因老化或人为损坏而失控。

（2）当柜内传感器检测到气体泄漏并报警时，顶部自动排风系统的风机（图 6-25）会自动工作，将气体通过排风管排出室外，保证工作区域的人身安全。

（3）气瓶存放在气瓶安全柜内，正常非人为情况下不会出现状况，但为防止长时间报警装置处于休息状态而出现报警缓慢或不报警情况，气瓶安全柜管理人员可通过烟雾与气体对报警装置进行报警测试，从而使其保持正常运转，正常自检周期一般为 1 个月至 2 个月自检 1 次。

（4）当气瓶安全柜遇到停电或断电重新启动时，控制系统要重新设定，以免影响正常工作。功能设定时必须设定定时抽气时间，每天的抽气时间可根据使用情况自行设置。

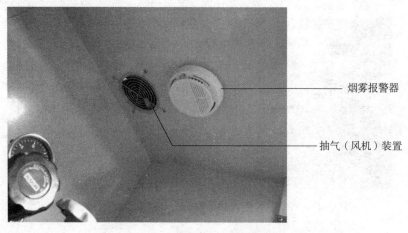

图 6-25   安全柜内漏气报警系统

（5）气瓶安全柜连同内部的气瓶属于特殊装置，对于内装有易燃、腐蚀或毒性气体的气瓶，应挂贴相应标签，设置相应警示标志。

高校实验室安全问题情况复杂，气瓶安全问题尤为严重，气瓶安全柜的合理使用是一种安全、经济、有效且方便的安全补偿措施。

二、氢气发生器（高纯氢发生器）

由于健康与安全方面的原因，现在许多实验室禁止将氢气瓶放置在工作场所。可使用氢气发生器制备氢气，相对而言比较安全，一次性加碱，日常使用只需补充蒸馏水。使用方法参考说明书，使用注意如下。

1. 仪器出现故障，不可自行拆卸。

2. 干燥剂可以除去氢气中混有的水蒸气、二氧化硫等，防止产生的氢气不纯，因此干燥剂（变色硅胶）（图 6-26）需要及时更换。

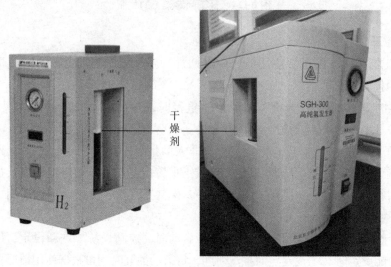

图 6-26   氢气发生器的干燥剂

3. 发生器使用的环境要求为外界温度 10~30℃，相对湿度 50%~60%，避免阳光直射和振动，仪器附近不得放置易燃物品。

4. 仪器使用一段时间后，电解液会逐渐减少，开启仪器之前首先检验电解液位（图 6-27），电解液位接近下液位时应及时补充水分（去离子水或者二次蒸馏水），加水时不要超过上液位。

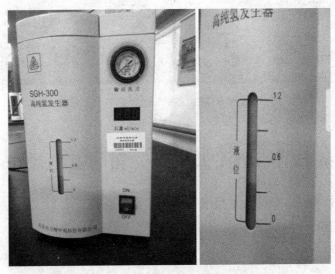

图 6-27　氢气发生器正视图（示电解液位）

5. 电解液是强碱（高浓度 KOH），浓度 10%，使用时注意安全。在配置和使用过程中，必须穿戴好防护用品。女同志必须带好工作帽，以免头发偶然遮住视线。工作完毕，及时清理工作场地，如不小心溅到皮肤或者工作服上，必先用水冲洗干净，再用 1% 醋酸洗涤，而后用酒精消毒，最后用医用凡士林涂抹后包扎。

6. 由于内部输气管性质，原则上每十天需开机运行一次；运输或者长时间不运行，需将储液桶中的强碱溶液用洗耳球抽出。

7. 初次使用或者重新连接仪器（如停电后再次使用）之前，必须进行自检，检查插头、插座、电源线等是否完好。

8. 严禁仪器点火以外的其他明火作业。

9. 下班检查并关闭气道，确认安全后方可离开。

10. 使用时应注意气体流量显示是否与仪器用气量一致，如流量显示超过用量较大时，应停机检漏。漏气主要体现在压力表（图 6-28）数值小于设定值（设定值一般为 0.3MPa）或为零，且输出流量数值大于实际用气流量值。

11. 一旦发现或者怀疑氢气泄露，现场员工应立即采取抢救措施，首先开窗、门通风，关掉氢气发生器。

图 6-28　不同气体压力表

第七节　恒温鼓风干燥箱的安全操作

恒温鼓风干燥箱又称烘箱，常用来干燥玻璃仪器或烘干无腐蚀性、加热时不分解的物品。该设备属大功率高温设备，使用时要注意防止火灾、触电及烫伤等事故。严禁易燃、易爆、酸性、挥发性、腐蚀性等物品入箱。挥发性易燃物或刚用酒精、丙酮淋洗过的玻璃仪器切勿放入烘箱内，以免发生爆炸。放置样品时，四周应留存一定空间，保持箱内气流畅通；箱内底部加热丝上置有散热板，不可将样品放置其上，以免影响热量向上导致积聚；为防止烫伤，取放物品时要戴厚实防护隔热手套或用专门工具取样（图6-29）。设置温度不可超过额定温度；该设备周围严禁滞留、囤放易燃易爆等低燃点及酸性腐蚀性等易挥发性物品（如有机溶剂、压缩气体、油盆、油桶、塑料、纸张等）。

图 6-29　烘箱物品冷却后再取出或用专用工具取出

第八节　恒温水浴、油浴设备的安全操作

一、恒温水浴锅的安全操作

恒温水浴锅（图6-30）是用来进行恒温加热或者其他温度试验的工具，在实验室中也用于蒸馏、干燥、浓缩等。水浴锅的制作材料一般是铜或者铝，为放置不同的器皿，上有重叠的圆圈。

图6-30　恒温水浴锅

（一）恒温水浴锅的使用方法

1. 设备安装前应将水浴锅放在平整的工作台上，先进行外观的检查，仪表、外观完整，导线绝缘良好，插头完好，电源开关灵活。每台设备的电源线都接有单相三极插头，接地极的地线可靠。

2. 通电前先向水浴锅的水槽注入清水，水浴锅加注清水后应不漏水，液面距上口2~4cm，以免水溢出到电器箱内，损坏器件。开启电源开关，电源开关指示灯亮，温度控制仪表显示当前水温值。

3. 按照所需要的工作温度进行温度设定，此时温控表的绿灯亮，电加热器开始加热，待水温接近设定温度时，温控仪表的红绿灯开始交替亮灭，温控表进入比例控制带，加热器开始断续加热以控制热惯性。当水温升至设定温度时，红绿灯按照一定的规律交替亮灭，设备进入恒温段。

4. 试验工作结束以后，关闭电源开关，切断设备的电源，并将水槽内的水放净。

（二）使用水浴锅的安全注意事项

1. 水浴锅使用时，必须先加水后通电，严禁干烧。水位低于电热管，不准通电使用，以免电热管爆裂损坏。水位也不可过高，以免水溢入电器箱损坏元件。（图6-31、

图 6-32）

图 6-31　水位不能高于水浴锅高度的 2/3　　**图 6-32　水位不能低于水浴锅高度的 1/3**

2. 水浴锅使用时，必须有可靠的接地以确保使用安全。

3. 定期检查各接点螺丝是否松动，如有松动应紧固，保持各电气接点接触良好。

3. 若条件许可，水浴锅应加蒸馏水。长期不使用时，应将水槽内的水放净并擦拭干净，否则水槽内易产生水垢。

二、玻璃恒温水浴缸的安全操作

玻璃恒温水浴缸（图 6-33）是实验工作中常用的一种以蒸馏水为工作介质，以温度传感器传感温度，通过控温机箱与水浴槽相连，实现自动调节以至恒温的恒温装置。主要由圆形玻璃缸、智能化控温单元、电动无级调速搅拌机、不锈钢加热器四部分组成。用于水浴恒温加热和其他温度实验。

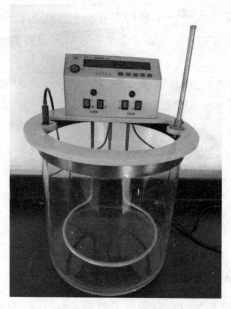

图 6-33　玻璃恒温水浴缸仪器图

玻璃恒温水浴缸的使用注意如下：

1. 玻璃缸表面光滑，碰撞易碎，故在搬运水浴时，要轻拿轻放，以免因破裂引起安全事故。

2. 长期搁置要避免受潮，重新使用时，要打扫干净，并进行试运行。检查有无漏电，避免因长期搁置产生的灰尘及受潮造成漏电事故。

3. 温度传感器插头插入控温机箱后面板上的"传感器接座"（图6-34），一定要槽口对准，并在接通电源前插入。

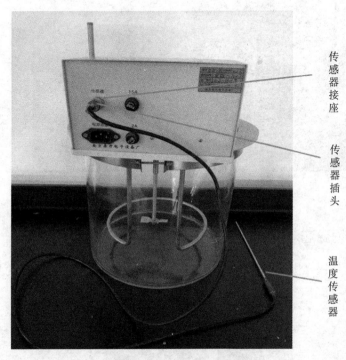

传感器接座

传感器插头

温度传感器

图6-34　温度传感器插入

4. 向玻璃缸内加入其容积2/3~3/4的清水。最好加入蒸馏水，以免使用过程中产生水垢。

加水时，不要把水洒到控温元件上，以免损坏仪器。若不小心洒上，及时用抹布擦干净。

5. 如需使用双顶丝和万能夹固定玻璃仪器时，一定要拧到合适位置。不可太紧，以免把玻璃仪器弄破；也不可太松，以免掉下摔破。固定可升降支架的螺丝要拧紧，以免支架滑落损坏玻璃仪器。（图6-35）

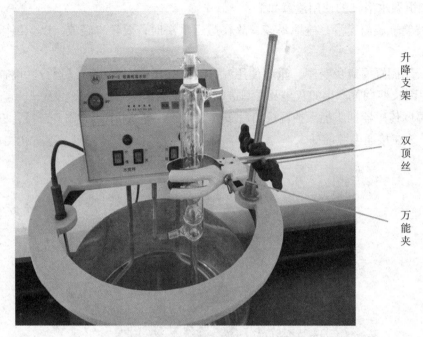

升降支架

双顶丝

万能夹

图 6-35　水浴缸内玻璃仪器的固定

三、电热恒温油浴锅的安全操作

电热恒温油浴锅（图 6-36）广泛用于蒸馏、干燥、浓缩及浸渍化学药品或生物制品。

图 6-36　电热恒温油浴锅

（一）电热恒温油浴锅使用方法

1. 请在使用前确定电源插座额定电流不小于 6A，并具有安全接地装置。

2. 加油时请注意离上盖板不低于8cm，必须用软油，最好用甲基硅油。

3. 先插仪器插口，再插电源插口，然后接通电源，打开电源开关，点击功能键，然后点击△或▽调节设定温度，设定完毕，再次点击功能键，此时，将按设定温度运行。

4. 若需要循环功能或较高的油温均匀性，打开循环开关即可。

5. 使用完毕，先将温度调整为零，以免下次使用发生误操作。

（二）电热恒温油浴锅的安全注意事项

1. 由于该仪器使用温度较高，使用时务必戴好防护手套，以免烫伤。

2. 在超过100℃使用时，放置样品时，试剂瓶外部不得有任何水滴（图6-37），以免油液飞溅。

3. 如果该仪器长时间不用，请将油箱内的油倾倒干净并做好清洁工作。

4. 该仪器必须使用三孔带接地线的安全插座，气容量不得小于10A。

图6-37　试剂瓶外部不得有任何水滴

第九节　通风柜的安全操作

柜式排风罩俗称通风柜（图6-38），与密闭罩相似。通风柜的工作口对柜内的气流分布影响很大，气流分布又直接影响通风柜的工作效果。

图6-38　通风柜全貌

通风柜的效能对整个排风系统有十分重要的影响。设计完善的局部排风罩可用较小风量获得最佳控制效果，并且保证工作区有害物质浓度符合国家卫生标准。排风罩按密闭程度分为密闭式排风罩、半密闭排风罩和开敞式排风罩。半密闭式排风罩指由于操作需要，无法将产生污染物的设备完全或部分封闭，必须开有较大工作孔的排风罩。通风柜是化学实验室常用的一种半密闭式排风罩。

通风柜一般有三种形式，其区别在于排风口的位置不同，适用于密度不同的污染物。污染物密度小时用上排风；密度大时用下排风；密度不确定时，可选用上下同时排风，且上部排风口可调的排风方式。通风柜的柜门上下可调节，在操作许可条件下，柜门开启度越小越好。通风柜控制污染物的能力主要取决于开口处的风速，一般推荐开口处的风速为 0.3~1.5m/s。相关参数见表 6-2。

表 6-2 通风柜相关参数

外形尺寸（mm×mm×mm）	1200×800×2550	1500×800×2550	1800×800×2550
排风量（CFM）	1300	1700	2100
排气口直径（mm）	250	300	300
通风柜面风速（m/s）	0.5		
噪声（dB）	小于 55		
工作面照度（lx）	大于 300		
输入额定电压（V）	三相 380V（AC）/50Hz		
电源插座额定电流（A）	13		
适配风机功率（kW）	0.18~11		
防触电保护类型	1 类		
外壳防护等级	Lp40		
顶绝缘电压（V）	450V（AC）		
额定冲击耐受电压（kV）	6		

一、通风柜的安全注意事项

实验室操作中，安全性是使用通风柜的最主要目的，其功能是保证使用者的安全及防止对周围环境的污染。为了保护使用者的安全，防止实验中的污染物质向实验室扩散，在污染源附近要配置通风柜。

1. 在使用通风柜之前，一定先将排气扇打开，然后再进行实验操作。

2. 通风柜内不可堆积杂物、存放过多试验器材或化学物质（图 6-39）。

3. 实验完成后，应继续让排风机运行 2~3 分钟，以抽干通风柜内有毒气体或残余废气。

图 6-39　试剂瓶不可散乱堆积（错误操作）

4. 进行实验操作时，一定不要将头部或上半身伸进通风柜内，调节玻璃窗，使胸部以上受到保护。（图 6-40）

错误操作　　　　　　　　正确操作

图 6-40　通风柜操作

5. 禁止在没有安全措施的情况下将所实验的物质放置在通风柜内，一旦出现化学物质喷溅，应立即将电源切断。

二、超净工作台的安全注意事项

通风柜是为化学实验过程中清除腐蚀性化学气体和有毒烟雾而设计的，通风柜不能有效清除微生物等。

超净台是为保护试验品而设计的，通过吹过工作区域的垂直或者是水平层流空气防止试验品或产品受到工作区域外粉尘或者细菌的污染。超净台一般用于对人体没有直接伤害的常规细菌操作实验，正压送风，风流经过过滤器过滤，达到局部百级，相当于一个缩小了的无菌室。

超净工作台的外观大同小异，最重要的组成部分是普通的照明灯和紫外消毒灯

（图 6-41）。

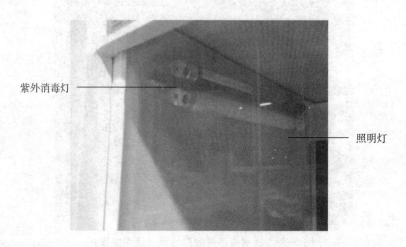

紫外消毒灯

照明灯

图 6-41　超净工作台内部灯管结构

平时要关好紫外消毒灯，当放入新的实验用品或使用完后，应开启紫外消毒灯，处理操作区内表面积累的微生物，30 分钟后关闭消毒灯，开启照明灯，启动风扇，散去紫外光的影响。注意不要关闭紫外消毒灯后马上进入操作，会伤害皮肤。

第十节　封闭电炉的安全操作

封闭电炉通过电热丝加热产生高温，常用于实验室加热。由于使用过程温度很高，常常会将不耐高温的实验台面烧毁，所以使用时不得直接放于实验台上，下面须垫一隔热板（图 6-42）。另外，由于使用过程中电炉盘和炉体温度都很高，要特别注意不要将电线触及炉盘和炉体（图 6-43），以免烧坏电线外层绝缘层，使内部金属线裸露发生触电危险。电炉使用完毕后须等其完全冷却后再收起。

电炉下应垫隔热板

图 6-42　电炉的放置

使用过程中电线不能接触电炉盘或炉体

图 6-43　电炉电线的安全使用

本章测试

（一）单选题

1. 倾倒液体试剂时，试剂瓶上标签应朝（　　）

    A. 上方　　　　　　　B. 下方　　　　　　　C. 左方　　　　　　　D. 右方

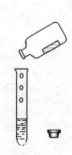

2. 右图中倾倒液体试剂时，说法正确的是（　　）

    A. 试管直立，试管口与试剂瓶口离开

    B. 试剂瓶标签朝下

    C. 瓶塞正放在试验台上

    D. 以上都不正确

3. 学生（　　）使用剧毒物品。

    A. 不可以单独　　　　　　　B. 可以单独

    C. 有其他同学在场时即可　　　D. 无所谓

4. 化学危险药品对人身会有刺激眼睛、灼伤皮肤、损伤呼吸道、麻痹神经、燃烧爆炸等危险，一定要注意化学药品的使用安全，以下不正确的做法是（　　）

    A. 了解所使用的危险化学药品的特性，不盲目操作，不违章使用

    B. 妥善保管身边的危险化学药品，做到标签完整，密封保存；避热、避光、远离火种

    C. 室内可存放大量危险化学药品

    D. 严防室内积聚高浓度易燃易爆气体

5. 取用化学药品时，以下哪些事项操作是正确的（　　）

    A. 取用腐蚀和刺激性药品时，尽可能带上橡皮手套和防护眼镜

    B. 倾倒时，切勿直对容器口俯视；吸取时，应该使用橡皮球

    C. 开启有毒气体容器时应戴防毒用具

    D. 以上都是

6. 取用试剂时，错误的说法是（　　）

    A. 不能用手接触试剂，以免危害健康和玷污试剂

    B. 瓶塞应倒置桌面上，以免弄脏，取用试剂后，立即盖严，将试剂瓶放回原处，标签朝外

    C. 要用干净的药匙取固体试剂，用过的药匙要洗净擦干才能再用

    D. 多取的试剂可倒回原瓶，避免浪费

7. 在使用化学药品前应做好的准备有（　　）

    A. 明确药品在实验中的作用

    B. 掌握药品的物理性质（如熔点、沸点、密度等）和化学性质

C. 了解药品的毒性；了解药品对人体的侵入途径和危险特性；了解中毒后的急救措施

D. 以上都是

8. 下列操作中正确的是（　　　）

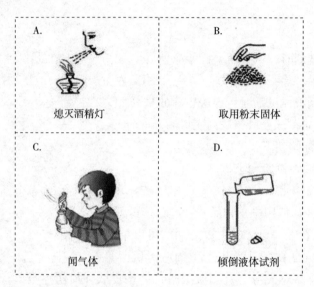

A.	B.
熄灭酒精灯	取用粉末固体
C.	D.
闻气体	倾倒液体试剂

9. 蒸馏时温度计的水银球应处在什么位置（　　　）

A. 紧贴蒸馏烧瓶瓶底　　　　　　　B. 液面下

C. 支管口　　　　　　　　　　　　D. 任何位置

（二）多选题

1. 气体钢瓶的使用注意事项下列正确的是（　　　）

A. 垂直放置且固定

B. 经减压阀减压后使用

C. 使用危险气体须安装气体防漏报警装置

D. 可以直接放气

2. 气体钢瓶在运转时注意事项为（　　　）

A. 旋上钢帽　　　　　　　　　　　B. 使用专用小推车

C. 轻装轻卸　　　　　　　　　　　D. 严禁抛滚撞

3. 气体钢瓶安全使用的要求有（　　　）

A. 气瓶必须直立放置并妥善固定

B. 应存放在阴凉、干燥、远离火源或热源的地方

C. 易燃气体钢瓶与明火距离小于 5 米

D. 严禁将可燃气体与助燃气体等放在一起使用

E. 可能造成回流的，必须配备防止倒灌的装置

第七章　实验室废弃物的安全处理 ▷▷▷▷

实验室废弃物是指在实验室内进行教学、科研以及其他实验活动所产生的已失去使用价值的物质。实验室所产生的废弃物与所进行的实验有关，具有种类繁多、组分复杂、集中处理不便等特点。实验室废弃物，尤其是化学实验及生物实验产生的废弃物一般有毒有害，有些甚至是剧毒物或强致癌物，若随意排放必对环境造成污染，破坏生态平衡，危害人们的健康。操作人员应自觉采取措施，规范操作，根据废弃物的性质，尽可能对其进行无害化处理，避免危害自身或者危及他人。

第一节　实验室废弃物的分类及危害

一、实验室废弃物的危害

1. 对人的危害

科研人员是实验室的主体，长期暴露在有害的实验室废弃物中会对人体产生毒害作用，如中毒、腐蚀、引起刺激、过敏、缺氧、昏迷、麻醉、致癌、致畸、致突变等。危害途径有直接接触及空气、食物、饮水等。如操作不当或防护不当，在处理废弃物的过程中皮肤直接碰触有毒有害废弃物，可导致皮肤脱落，引起疼痛、皮炎等症状，有的化学物品、致病菌、病毒可能通过皮肤进入血管或脂肪组织，侵害人体健康。实验室废弃物中的有机溶剂（如苯、甲苯等）挥发到空气中，长期吸入会引起一系列中毒症状，还会造成免疫力下降，增加患癌风险；还有一些实验人员将饮用水、食物等带到实验室，飘浮在空气中的有害物质会附着在食品上，同时残留在手上的试剂等有害物质也会通过饮食进入体内，危害人体健康。另外，排放到环境中的废气会将有害物质释放到空气、水及土壤中，然后经过植物、动物的富集，最终通过饮食富集到人体中。

2. 对生态环境的危害

实验室产生的废弃物不仅会直接污染环境，而且有些化学废弃物在环境中经化学或生物转化形成二次污染，危害更大。固体废弃物对环境的危害具有长期潜在性，其危害可能在数十年后才能表现出来。一些实验室的酸碱废液及有机废液不经处理便经下水道排放，时间久了必定会成为污染源，另外实验室长期通过通风系统向外排放实验中产生的有毒有害气体，也会对附近的空气质量产生影响。

例如，试液处理不当造成的危害。青海某矿业公司某检测中心极谱室内有 4 台极谱仪，2002 年 9 月 23 日实验员往极谱仪灌汞时不慎将汞撒漏在室内，当时没有引起重视，也未做任何处理。10 月 20 日有 7 名实验员相继出现头晕、恶心、情绪激动、刷牙出血等症状。

废液收集不当导致的危害。例如，某操作人员对废液性质不了解，把双氧水及一些碱性溶液、有机溶剂、无机溶液等混合在一个玻璃废液桶里，并拧紧了盖子，然后在某个下午废液桶发生爆炸。

交叉污染危害。例如，2003 年 8 月，一名新加坡国立大学的研究生在实验室内感染 SARS 病毒。经调查，该学生曾到过这个实验室进行有关西尼罗病毒的研究，结果显示，他所研究的西尼罗病毒样本遭到 SARS 冠状病毒的交叉污染，从而使该生受到感染。

未按要求操作导致危害。例如，2003 年 12 月，中国台湾病毒实验室一研究员在清理运输箱废弃物时，未按规定戴上手套，因而感染了 SARS。

二、实验室废弃物的分类

实验室废弃物有多种分类方法，按废弃物的化学性质分类可以分为有机废弃物和无机废弃物（图 7-1）。

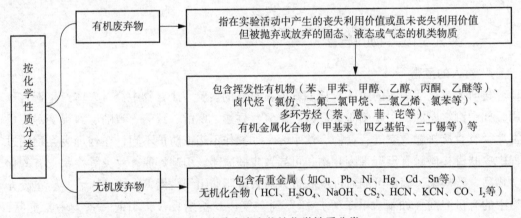

图 7-1 实验室废弃物按化学性质分类

按废弃物的性质可以分为化学性废弃物、生物性废弃物和放射性废弃物（图 7-2）。

按废弃物的危害程度可以分为一般废弃物和有害废弃物（图 7-3）。一般废弃物经过回收处理后大多可成为再生产品。有害废弃物即危险废弃物，对危险废弃物的定义和分类，不同国家、不同组织及不同版本的书籍有所不同。本书参照中华人民共和国环境保护部、中华人民共和国国家发展和改革委员会发布的《国家危险废物名录》（2016 年 8 月 1 日起施行）。

另外，按照废弃物状态还可分为固体废弃物、液体废弃物及气体废弃物（图 7-4）。

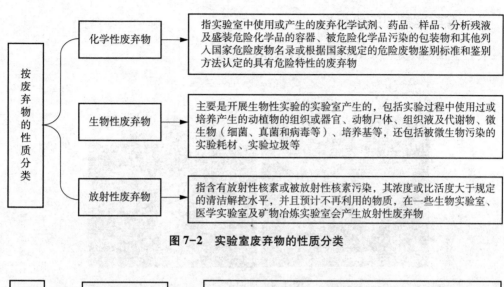

图7-2　实验室废弃物的性质分类

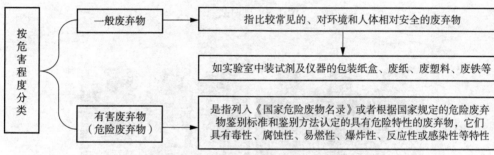

图7-3　实验室废弃物按危害程度分类

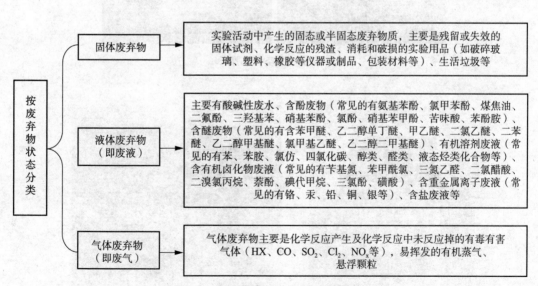

图7-4　实验室废弃物按废弃物状态分类

三、实验室常见的废弃物

实验室常见废弃物如图 7-5~7-14 所示。

图 7-5　废旧试剂

图 7-6　空试剂瓶

图 7-7　实验后回收的废液　　图 7-8　破碎的玻璃仪器

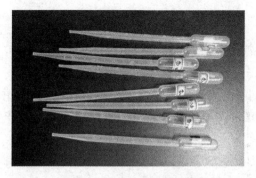

图 7-9 用过的一次性滴管

图 7-10 破损或老化的管子

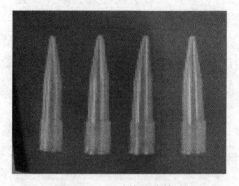

图 7-11 用过的移液枪头

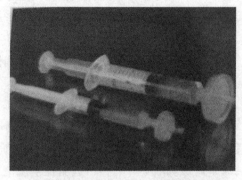

图 7-12 用过的一次性注射器

图 7-13 用过的微生物培养皿

图 7-14 菌种培养物

第二节 危险化学废弃物的处理原则

废弃物处理就是通过有效的方法对其中可再利用的部分进行回收，使废弃物可以再资源化，对无法利用或回收成本过高的废弃物进行无害化处理，达到国家相关标准后排放。简单来说就是 16 个字"源头控制、分类收集、定点贮存、合理处置"。

1. 源头控制

就是从源头尽量避免污染物质的产生。为此，实验室应尽量减少药品使用量，避免浪费，实现物尽其用；能用低毒或无毒试剂的就尽量不要用毒性大的；推行新技术、新工艺，大力开展实验室无废、低废活动。

选择实验项目时尽量选择低毒、污染小且后处理容易的实验项目，如合成方法中尽量采用毒性小的化学合成路线，或设计的产品具有最小的毒性、尽量减少副产品产生，使实验绿色化、环保化。

积极采用微型化学实验，既可节约试剂，减少污染，且测定速度快、操作安全，还可降低水、电的消耗。

对必须采用有毒有害药品（苯、重金属化合物等）及易引起燃烧、爆炸、有一定危险性、对环境造成较大污染的实验，可采用多媒体、虚拟仿真手段完成。

正确管理化学物质的储存，把化学废弃物减少到最低。建立集中采购制，总量管理，跟踪监测，合理储存。根据需要购买和使用合适的量，合理贮存，防止化学物质过期而浪费，尽量减少废旧试剂。

2. 分类收集、定点贮存

对各实验室无法自行处理的实验室废弃物，要分类收集，定点贮存，等待学校集中处理。可参照国家标准 GB 18597—2001《危险废物贮存污染控制标准》和 HJ 2025—2012《危险废物收集、贮存、运输技术规范》。学校集中处理之前，要找一个专门存放收集到的危险废弃物的地方，配备防雨、防渗设施，同时，做好周边环境保护工作。应避光、避高温，防止加速化学反应，高温易爆或易腐败的废弃物还应在低温下贮存。

3. 合理处置

实验室要严格遵守国家环境保护工作的有关规定，不随意排放废气、废液、固体废弃物，不得污染环境。处理的过程中尽量不产生新的废弃物，能回收利用的废弃物在合理的成本条件下回收，不浪费，循环使用。

对于一般废弃物可由各实验室自行处理。

对于实验产生的废气，主要采用吸收法处理，或是采取通风抽风等稀释措施使之达标排放。一般的有毒气体可通过通风橱或通风管道，经空气稀释排出。大量的有毒气体须通过与氧充分燃烧或吸收处理后才能排放。例如 CO_2、NO_2、SO_2、Cl_2、H_2S、HF 等废气应先用碱溶液吸收；NH_3 用酸吸收；CO 可先点燃转变成 CO_2 等。对个别毒性很大或者数量多的废气，可用吸附、吸收、氧化、分解等方法进行处理。

对于废液及废固，主要处理方式为稀释排放和废品回收或再利用。一般无害的无机中性盐类，或阴、阳离子废液，可经由大量清水稀释后，由下水道排放。无机或有机酸碱需中和至中性或用大量水稀释后，再排入下水道中。

化学实验室的有害固体废渣通常不多，解毒处理之后，以深坑埋掉为好。对于钠渣，可用乙醇处理，所产生的热量不足以使放出的氢气燃烧。生成的醇钠可用来清洗玻璃仪器。

实验用过的有些有机溶剂尽量回收，在对实验没有影响的情况下，可以反复使用。

甲醇、乙醇、丙酮等能被细菌作用而易于分解，故浓度不大时对这类溶剂用大量水稀释后直接排放。

对于危险性废物，有条件的实验室可按成熟工艺自行处理或部分自行处理。对不能自行处理或处理费用较高的污染物或已无回收利用价值的可集中收集贮存，交由学校集中统一处理，或者委托具有危险物处理资质的单位进行处理。实验室人员要规范填写《实验室危险废弃物处置登记表》，见表7-1。

表 7-1　实验室危险废弃物处置登记表

××实验室危险废弃物处置登记表

填报日期：　　　年　　　月　　　日

所属部门	实验室名称	废物类别			数量（箱、桶）	负责人		备注
		一般有机废液	废旧试剂	废弃空瓶		姓名	联系电话	
						经手人		
						（两位教师签字）		
						姓名	联系电话	

说明：1. 此表一式两份，交接时学校和实验室各留存一份。
　　　2. 其他需说明的情况请在备注栏填写。

黏附有害物质的物品，如滤纸、包药纸、棉纸、废活性炭及塑料容器等，不要丢入垃圾箱内，要分类收集，加以焚烧或其他适当的处理，然后保管好残渣。

在实验过程中，由于操作不慎、容器破损等原因，造成危险物质撒泼或倾翻在地上，要及时快速进行处理，降低人员在危害物中的暴露。首先是要用药剂对危害物进行中和、氧化或还原等反应，破坏或减弱其危害性；再用大量水喷射冲洗。如为固体污染物，可先扫除再用水冲；如为黏稠状污染物、油漆等不易冲洗，可用沙揉搓和铲除；如为渗透性污染物，如联苯胺、煤焦油等，经洗刷后再促其蒸发来清除污染。

对于没有被化学物质或放射性物质污染的动物尸体，按照有关规定来处理；受到污染的动物尸体，一般深埋。

第三节　危险化学废弃物的收集、贮存方法

由于每次实验后产生的废弃物量不多，且种类、性质不同，实验室一般是分类收集到一定量后集中处理，或是交由具备相应处置资质的单位处理，严禁将危险废弃物与生活垃圾混装。故废弃物处理前需对不同废弃物分类收集、贮存，避免其扩散、流失、渗

漏或产生交叉污染。

1. 锋利的废弃物（如打碎的玻璃仪器等）要收集在坚硬的容器（如硬纸箱、利器盒）内，不可过满，放到指定位置集中处理（图7-15）。

图7-15　锋利仪器收集在坚硬的容器内

2. 对于用过的空试剂瓶要分类收集（玻璃和塑料材质的要分开放），并贴上废弃物标签，放到指定位置集中处理（图7-16）。

图7-16　空试剂瓶的收集（玻璃和塑料材质的要分开放）

3. 瓶装危险废旧试剂，要确保瓶体标签完好，若原标签破损要补上标签，拧紧瓶盖后竖直整齐放入纸箱，固体试剂和液体试剂分开放，氧化性的和还原性的分开放。其他化学固体废弃物，用塑料袋分装并扎好袋口，贴上标签，写上废弃物名称和成分，口朝上放入纸箱（图7-17）。

4. 收集危险废弃物的容器应放在符合安全与环保要求的专用房间，远离火源及生活垃圾，对高温易爆或易腐败的废弃物还应在低温下贮存，在房间的明显处贴上标识，以了解该房间的用途（图7-18）。

5. 贮存废弃物的容器在明显处要贴有"危险废弃物标签"，注明"危险废弃物"字

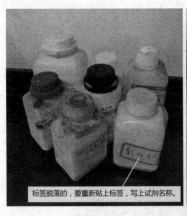 

图7-17 废旧试剂的收集（固体试剂和液体试剂分开放）

图7-18 危险废物存放区标识

样，并写清主要成分、危险类别、所属部门、联系人及电话、责任人、数量、日期等（图7-19）。

危险废物标签纸
主要成分：
危险类别：易燃□　　易爆□　　压缩气体□ 放射性□　　腐蚀品□　　其它□
所属部门：　　　　联系人： 房间号：　　　　　联系电话：
责任老师：
数量：　　　　　　产生日期：

图7-19 实验室危险废弃化学品标签

6. 对于危险废液，要收集在完好无损的密闭废液桶中，要有内塞和外盖，能拧紧，即使容器被弄翻了液体也不会漏出；而且容器材质和衬里不能与危险废弃物反应。原则上，废液在实验室的停留时间不应超过 6 个月。另外容器内必须预留足够空间，确保正常处理、存放及运输时，里面的液体废弃物不因温度或其他物理状况改变而膨胀，造成容器泄漏或变形（图 7-20）。

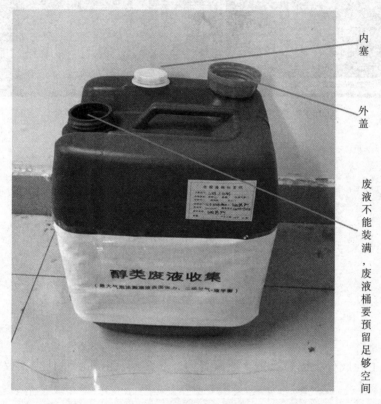

内塞

外盖

废液不能装满，废液桶要预留足够空间

图 7-20　废液收集桶

7. 危险废弃物要依其性质不同分类收集，禁止混装。如酸与活泼金属（如钠、钾、镁）、易燃有机物、氧化性物质、接触后会产生有毒气体的物质（如氰化物、硫化物及次卤酸盐）；铵盐、挥发性胺、酸与碱；易燃物与氧化性的酸；过氧化物、氧化剂与还原剂；盐酸、氢氟酸等挥发性酸与不挥发性酸；浓硫酸、磺酸、羟基酸、聚磷酸等酸类与其他酸；活泼金属与流体废溶液等。

8. 对于常温常压下易爆、易燃及排出有毒气体的危险废弃物必须进行预处理，使之稳定后贮存，否则，按易燃、易爆危险品贮存，并尽快处理。

9. 对于易与水作用的废弃物应远离水，如钠、钾等应保存在煤油中。

10. 对于易燃的危险废弃物，如白磷，着火点很低，遇空气易自燃，应放在水中密闭保存，隔绝空气。

11. 已使用的培养基、标本和菌种保存液、一次性医疗用品等，都应严格按规定进行有效消毒并放置指定容器内。

12. 对放射性废弃物和感染性废弃物，收集后要密封保存，在明显处标示其主要成分、性质和数量，并屏蔽和隔离，严防泄露。

第四节 实验室危险化学废弃物的无害化处理

实验室危险化学废弃物的处理比较麻烦，本节主要介绍常见废酸、废碱液的处理，实验室无机类废液的处理和实验室有机类废液的处理方法，并在每类方法中举例说明具体处理方法。

一、废酸、废碱液的处理

废酸液、废碱液一般采取中和法处理，即调 pH 至中性左右。一般是将收集的废酸、废碱倒进废液缸相互中和或加入酸碱物质进行中和。例如，将含无机酸的废液慢慢倒入过量含碳酸钠或氢氧化钙的水溶液中，或用废碱液中和；含氢氧化钠、氨水的废碱液，用盐酸或硫酸溶液中和，或用废酸液中和。当溶液 pH 调至 6~8 时，再用大量水稀释到浓度 1% 以下后，即可排放。排放后用大量清水冲洗。

二、实验室无机类废液的处理

实验室无机类废液若任意排放会造成重大环境污染，因其种类和数量繁多，处理方法也各异。主要介绍含重金属废液、含氰化物废液、含氟废液和含无机卤化物废液这四类无机废液的处理方法，处理后的废液应达到中华人民共和国国家标准《污水综合排放标准》（GB 8978—2002）后才能排放。

（一）含重金属废液的处理

1. 通用处理方法

含 Ag^+、Al^{3+}、As^{3+}、Bi^{3+}、Ca^{2+}、Cd^{2+}、Co^{2+}、Cr^{3+}、Cu^{2+}、Fe^{3+}、Fe^{2+}、Mn^{2+}、Ni^{2+}、Pb^{2+}、Sb^{3+}、Sn^{2+}、Zn^{2+} 等重金属的废液，常采用氢氧化物沉淀法和硫化物沉淀法。即加入碱或硫化物，使废液中的重金属离子变成难溶性的氢氧化物或硫化物沉淀，然后再通过过滤除去含重金属的沉淀。

氢氧化物沉淀法：向废液中加入中和剂 NaOH 使溶液呈碱性（一般调 pH9~11），并充分搅拌，多数重金属可生成氢氧化物沉淀。然后加入凝聚剂 ［$Al_2(SO_4)_3$、$FeCl_3$、$Fe_2(SO_4)_3$、$ZnCl_2$］作为共沉淀剂，使沉淀完全。放置一段时间后，将沉淀滤出并妥善保存，对滤液进行检测，确保滤液达到排放标准后排放。

中和剂除 NaOH 外，还可用 $Ca(OH)_2$ 和 Na_2CO_3。因 $Ca(OH)_2$ 可防止两性金属沉淀再溶解，且其沉降性能也较好。Na_2CO_3 还可使 Ba^{2+}、Ca^{2+}、Sr^{2+} 等离子生成难溶性的碳酸盐而除去（pH10~11）。

特别注意：若 pH 值过高，两性金属沉淀会发生溶解 ［如 $Cr(OH)_3$ 沉淀］，一定要注意其最适宜 pH 值。还有，若废液中同时含有两种以上重金属时，要注意它们形成沉淀时溶液的 pH 值也不相同。

2. 常见含重金属废液的处理

（1）含汞废弃物的处理：汞是不少实验室经常接触的试剂，易挥发，吸入人体被肺泡壁的毛细血管吸收后，与血液中的红细胞和血浆蛋白结合而分布全身，阻碍细胞的正常代谢功能。经常与少量汞蒸气接触会引起慢性中毒，以神经异常、齿龈炎、震颤为主要症状。其毒性是积累的。

①含汞废液的处理：有 2 种方法。

A. 可先调节废液 pH 值到 8~9，然后加入过量的 Na_2S，生成 HgS 沉淀。再加入 $FeSO_4$（共沉淀剂），与过量的 S^{2-} 生成 FeS 沉淀，与悬浮在水中难以沉淀的 HgS 微粒吸附共沉淀。然后静置、分离，再经离心、过滤，滤液中含汞量可降至 0.05mg/L 以下即可排放。残渣可用混凝剂固化处理后，再回收汞或送固废处理单位统一处置。有机汞废液，其毒性较无机汞更大，可加入浓硝酸及 6% $KMnO_4$ 水溶液，加热回流 2 小时，待 $KMnO_4$ 溶液颜色消失时，把温度降到 60℃ 以下，然后加入适量 $KMnO_4$ 溶液，加热，使有机汞完全消化为 Hg^{2+} 离子，再按上述方法处理。

B. 还原法。用铜屑、铁屑、锌粒、硼氢化钠等作还原剂，可以直接回收金属汞。

②金属汞的处理：若不小心将金属汞散落在实验室里（如打碎温度计、水银压力计等），须及时清除。颗粒直径大于 1mm 的汞可用滴管吸取或用拾汞片收取［拾汞片制备法：将约 0.2mm 厚的条形铜片浸入用 HNO_3 酸化过的 $Hg(NO_3)_2$ 溶液中，这时汞即镀于铜片上成拾汞片］，收集于瓶中用水覆盖。散落过汞的地面再撒上多硫化钙粉，或硫黄粉，或漂白粉等，或喷上用 HCl 酸化过的 $KMnO_4$ 溶液（5∶1000，体积比），过 1~2 小时后清除；或喷洒 20% $FeCl_3$ 溶液，使汞转化成不挥发的难溶盐，干后扫除干净。

对吸附在墙壁上、地板上及设备表面上的汞，可采用加热熏碘的方法除去。下班前关闭门窗，按每平方米 0.5g I_2 设置，加热，碘蒸气即可固定散落的汞。$FeCl_3$ 及 I_2 对金属有腐蚀作用，使用这两种物质时要注意对室内精密仪器的保护。

（2）含铬废液的处理：先氧化还原，再利用氢氧化物沉淀法处理。

在酸性条件下（废液中加入硫酸，充分搅拌，调溶液 pH 值在 3 以下）加入还原剂（如 $FeSO_4$、$NaHSO_3$ 等），将 Cr^{6+} 还原为 Cr^{3+}，然后加入碱［如 NaOH、$Ca(OH)_2$、Na_2CO_3 等］，调节溶液 pH 值至 8~9，使 Cr^{3+} 形成低毒性的 $Cr(OH)_3$ 沉淀，清液可直接排放，沉淀经脱水干燥后可综合利用，使其与煤渣一起焙烧，处理后的铬渣可填埋。

铬酸洗液多次使用变绿后，可在 110~130℃ 下浓缩冷却，然后用高锰酸钾粉末将 Cr^{3+} 氧化，至溶液呈深褐色或微紫色后，用砂芯漏斗滤去 MnO_2 沉淀，即可重新再用。

（3）含砷废液的处理：向废液中加入石灰乳 $Ca(OH)_2$，调溶液 pH 值至 8~10，使砷生成砷酸钙或亚砷酸钙，然后加入 $FeCl_3$，生成 $Fe(OH)_3$ 起共沉淀作用，可除去悬浮在溶液中的砷；也可将含砷废水 pH 值调到 10 以上，加入 Na_2S，与砷反应生成难溶、低毒的硫化物沉淀。

（4）含锰废液的处理：含锰离子废液可以与碱、碳酸盐及硫化物反应生成相应的 $Mn(OH)_2$、$MnCO_3$ 及 MnS 沉淀，过滤后除去沉淀，滤液可直接排放。

MnO_2 起催化剂的作用，可加快反应速度，本身并没损耗。回收处理方法是将混合物溶解于水，经多次洗涤过滤，把滤渣蒸干便可得到 MnO_2。

（5）含钡废液的处理：在废液中加入 Na_2SO_4 溶液，过滤掉生成的沉淀物 $BaSO_4$ 后，滤液即可进行排放。

（6）含银废液的处理：含有银的废液实验室产生的量相对较少，一般常用沉淀法处理，即加入硫化物或 NaCl、HCl（调 pH 值至 $1\sim2$），产生 Ag_2S 或 AgCl 沉淀，过滤去除回收。

（7）含铅废液处理：用石灰乳 $Ca(OH)_2$ 做沉淀剂，调节溶液 pH 值大于 11，使 Pb^{2+} 生成 $Pb(OH)_2$ 沉淀，再加入 $Al_2(SO_4)_3$ 作为凝聚剂，将 pH 值调至 $7\sim8$，使 $Pb(OH)_2$ 与 $Al(OH)_3$ 共沉淀，最后分离除去沉淀。

（二）含氰化物废液的处理

1. 含氰量高的废液

应回收利用，方法有酸化回收法、蒸汽解吸法等。

酸化回收法是用 H_2SO_4 或 SO_2 将含氰废液的 pH 值调至 $2.8\sim3$，此时金属氰络合物便分解生成 HCN；鼓入空气使 HCN 挥发逸出（HCN 的沸点仅为 $25.6℃$）；用 NaOH 或 $Ca(OH)_2$ 溶液吸收，达到回收利用的目的。酸化回收法的经济效益显著，但处理成本高，处理后废液含氰达不到排放要求，需进行二次处理。

2. 含氰量低的废液

应净化处理后方可排放，治理方法有碱氯法、电解氧化法等。

碱氯法是用含氯氧化剂［NaClO、$Ca(ClO)_2$］将氰化物分解为 N_2 和 CO_2 达到无害排放。

操作：在含氰化物的废液中加入 NaOH 溶液，调节 pH 至 10 以上，然后加入约 10% NaClO 溶液，搅拌约 20 分钟，再加入 NaClO 溶液，搅拌后，放置数小时。再加入 $5\%\sim10\%$ 的 H_2SO_4（或盐酸），调节 pH 至 $7.5\sim8.5$，然后放置 24 小时。最后加入 Na_2SO_3 溶液，还原剩余的氯。查明废液确实没有 CN^- 后，才可排放。

特别注意两点：①第一次调溶液 pH 一定要在 10 以上，才可以加入氯氧化剂，若溶液 pH 值调到 10 以下就加入氯氧化剂，会生成刺激性很大的有害气体 CNCl。②第二次调溶液 pH 在 8 左右较好，若溶液 pH 值过高，则反应时间过长。

若固体 NaCN、KCN 等氰化物不小心撒在外面了，可用 Na_2SO_3（$FeSO_4$、$KMnO_4$、NaClO）溶液浇在污染处，使其生成毒性较低的硫氰酸盐，然后再用热水冲洗，最后用冷水冲洗。

（三）含氟废液的处理

1. 含氟量高的废液

向废液中加入石灰乳，至废液完全变为碱性为止，充分搅拌，静置一夜后过滤，除去 CaF_2 沉淀。滤液作含碱废液处理。

若单独应用消石灰除氟，滤液中余氟浓度一般在 $10\sim30mg/L$，难以降到 $10mg/L$ 以下，无法达到国家现行排放标准。可根据同离子效应，将消石灰与氯化钙配合使用，则可使水中氟化物含量降到 $10mg/L$ 以下，还减少了消石灰用量。缺点是排泥管易堵塞。

还可以结合混凝沉淀法。由于 CaF_2 沉淀是一种微细结晶，不经凝聚难以沉降，所以在加入钙盐的基础上常加入混凝剂，通过絮状沉淀的凝结作用，加快沉淀速度，强化除氟效果。常用的混凝剂有铝盐（硫酸铝、聚合氯化铝、聚合硫酸铝）无机混凝剂和聚丙烯酰胺类有机混凝剂两类。

2. 含氟量低的废液

利用吸附法。将装有氟吸附剂的设备放入含氟废液中，使氟离子通过与固体介质进行离子交换或化学反应，最终吸附在吸附剂上而被除去，吸附剂可通过再生恢复交换能力。为保证处理效果，废液 pH 值一般控制在 5 左右，吸附温度不能太高。该法常用于处理低浓度含氟废液，可作为含氟废液的深度处理方法。成本较低，操作简便，除氟效果较好，是含氟废液处理的重要方法。

根据所用原料不同，通常氟吸附剂有铝吸附剂、天然高分子吸附剂、稀土吸附剂和其他类吸附剂。

（四）含无机卤化物废液的处理

含无机卤化物的废液主要指含 $AlBr_3$、$AlCl_3$、$FeCl_3$ 等无机类卤化物，可将其放入大号蒸发皿中，撒上 $1:1$ 的高岭土、碳酸钠混合物，充分混合后，喷洒 $1:1$ 的氨水，至没有 NH_4Cl 白烟放出为止。静置过夜后，滤去沉淀。滤液中若无重金属离子，则用大量水稀释滤液，即可排放。

三、实验室有机类废弃物的处理

有机类实验废液大多易燃、易爆，不溶于水，性质不同处理方法也不尽相同。主要有焚烧法、溶剂萃取法、吸附法、氧化分解法、水解法、生物化学处理法等。

（一）废弃有机溶剂的回收与提纯

有机类废液中，废弃的有机溶剂较多，但其中大部分都可以回收使用。通常把要回收的有机溶剂先在分液漏斗中洗涤，将洗涤后溶剂经过滤、脱水（加入无水 $CaCl_2$）后蒸馏或分馏处理加以精制、纯化。所得到的有机溶剂纯度较高，可以反复使用。回收过程应在通风柜中进行。

（二）有机废弃物的处理方法

1. 焚烧法

焚烧法指在高温条件下对有机物进行深度氧化分解，使其生成水、CO_2 等对环境无害的产物，然后将这些产物排入大气中，是常用的处理方法。若实验室产生的有机废液较少，可把它装入铁制或瓷制容器，选择室外安全的地方燃烧。

方法：取一长棒，在其一端扎上蘸有油类的布，或直接用木片、竹片等，站在上风方向点火燃烧。

注意：①必须监视整个燃烧过程；②量多时在焚烧炉中燃烧；③焚烧时要尽量避免因燃烧不完全而产生新的污染物。

对难燃烧的有机废液（主要是有机磷废液），可与可燃性物质混合燃烧，或喷入配有助燃器的焚烧炉中燃烧。对含水的高浓度有机废液，也能用此法处理。

有些可燃性有机废液（含 N、S、X 的）燃烧会产生 NO_2、SO_2 或 HX 等有害气体，故处理这类废液须在配有洗涤器的焚烧炉中进行，并用碱液洗涤燃烧废气，去掉有害气体。

对固体物质，可将其溶解于可燃性溶剂中，然后进行燃烧。

如果废液中同时含有重金属，则要保管好焚烧残渣。

2. 溶剂萃取法

萃取是利用物质在两种互不相溶或微溶的溶剂中的溶解度或分配系数不同，使溶质从一种溶剂转移到另一种溶剂中的方法。萃取剂可用正己烷、石油醚等挥发性的溶剂。对难燃烧的和含水的低浓度有机废液，可用此法。分离出有机层后，蒸馏回收或焚烧。

3. 吸附法

对难焚烧的物质和含水的低浓度有机废液，还可用吸附法处理。用吸附剂充分吸附后，与吸附剂一起焚烧。常用吸附剂有活性炭、硅藻土、聚酯片、聚丙烯、矾土、氨基甲酸乙酯泡沫塑料、层片状织物等。

4. 氧化分解法

对易氧化分解的含水低浓度有机废液，常用此法处理。

方法：先让废液发生一系列氧化还原反应，将其氧化分解，使高毒性污染物质转化为低毒性物质，再按处理无机废液的方法处理。常用氧化剂有 H_2O_2、$KMnO_4$、NaClO、$H_2SO_4+HNO_3$、HNO_3+HClO_4、$H_2SO_4+HClO_4$ 及废铬酸混合液等。

5. 水解法

对易发生水解的酯类和一些有机磷化合物，可加入 NaOH 和 $Ca(OH)_2$，在室温或加热下水解。水解后，若废液无毒害，中和、稀释后即可排放。若含有害物质，选择上述方法加以处理。

6. 生物化学处理法

指的是利用微生物代谢，使废液中呈现溶解或胶体状态的有机污染物质转化成为无害的污染物质。

主要应用于含有易被微生物分解的有机废液（包含乙醇、乙酸、动植物性油脂、蛋白质、氨基酸、纤维素及淀粉等），对含有这类有机物的稀溶液，可用活性污泥之类东西并吹入空气处理，也可用水稀释后直接排放。

7. 光催化降解法

就是利用辐射、光催化剂在反应体系中产生活性极强的自由基，再通过自由基与有机污染物加合、取代、电子转移等过程将污染物全部降解为无机物。

（三）一些常见有机废液的处理

1. 废弃有机溶剂

（1）三氯甲烷（氯仿）废液的回收：将三氯甲烷废液用自来水冲洗，除去水溶性杂质。取水洗过的废液 500mL 置于 1L 分液漏斗中，加入 50mL 浓硫酸，摇荡几分钟，静置分层后弃去下层硫酸，重复该操作至摇荡过的硫酸层无色。然后用重蒸馏水洗涤三氯甲烷 2 次，每次用水 200mL。再用 0.5% 盐酸羟胺（AR.）50mL 溶液洗涤 2~3 次后，用重蒸馏水洗 2 次，将洗好的三氯甲烷用无水氯化钙脱水，干燥并蒸馏 2 次，收集沸程为 60~62℃的馏出液。

如果三氯甲烷中杂质较多，可以用自来水洗涤之后，预蒸馏 1 次，除去大部分杂质，再按上法处理。对用蒸馏法仍不能除去的有机杂质，可用活性炭吸附纯化。

（2）乙醚废液的回收：将乙醚废液用水洗涤 1 次，中和（石蕊试纸检查），用 0.5% $KMnO_4$ 洗至紫色不褪，再用水洗，然后用 0.5%~1% 硫酸亚铁铵溶液洗涤，除去过氧化物。用纯水洗涤乙醚 2 次，弃去水层，用无水 $CaCl_2$ 干燥，放置过夜，过滤，蒸馏。在 45℃ 水浴上加热蒸馏，收集沸程为 33.5~34.5℃ 的馏出液。蒸馏瓶中残液量不得少于 60mL。若纯度不够，可重蒸馏 1 次。

（3）石油醚废液的回收与提纯：将石油醚废液用 10% NaOH 溶液洗涤 1 次，再用纯水洗涤 2 次，除去水层，加入无水 $CaCl_2$ 干燥、过滤，在水浴上蒸馏出石油醚，收集 60℃以上的馏出液。

（4）乙酸乙酯废液的回收：将乙酸乙酯废液放在分液漏斗中用水洗涤几次，然后用 $Na_2S_2O_3$ 稀溶液洗涤使之褪色，再用纯水洗涤几次，除去水层，加入无水 K_2CO_3 脱水，放置几天，过滤、蒸馏。弃去开始蒸出的馏出液，收集沸程为 76~77℃的馏出液。

（5）二甲苯废液的回收：将二甲苯废液用无水 $CaCl_2$ 干燥后，直接蒸馏回收。收集 136~141℃馏出液。

2. 甲醇、乙醇及醋酸等的有机废液

由于甲醇、乙醇及醋酸溶剂能被细菌作用而分解，对这类溶剂的稀溶液，经大量水稀释后，可直接排放。

3. 含石油、动植物性油脂的废液

含石油、动植物性油脂的这类废液包含苯、己烷、二甲苯、甲苯、煤油、轻油、重油、润滑油、切削油、冷却油、动植物性油脂及液体和固体脂肪酸等物质的废液。

对可燃性的物质用焚烧法处理；对难燃烧的物质及低浓度废液用溶剂萃取法或吸附法处理；含机油废液中若含有重金属，要保管好焚烧残渣。

4. 含 N、S 及卤素类有机废液

此类废液包括含有吡啶、喹啉、甲基吡啶、氨基酸、酰胺、二甲基甲酰胺、苯胺、二硫化碳、硫醇、烷基硫、硫脲、硫酰胺、噻吩、二甲亚砜、氯仿、四氯化碳、氯乙烯类、氯苯类、酰卤化物和含 N、S、卤素的染料、农药、医药、颜料及其中间体等的废液。

对其可燃性物质用焚烧法处理，但必须采取措施除去由燃烧而产生的有害气体（如 SO_2、HCl、NO_2 等），如在焚烧炉中装有洗涤器。对多氯联苯等物质，会有一部分因难以燃烧而残留，要注意避免直接排出。对难于燃烧的物质及低浓度废液，用溶剂萃取法、吸附法及水解法进行处理。但对氨基酸等易被微生物分解的物质，经用水稀释后，即可排放。

5. 酚类物质的废液

此类废液包括含有苯酚、甲酚、萘酚等废液。

对其浓度大的可燃性物质，可用焚烧法处理，或用乙酸丁酯萃取，再用少量氢氧化钠溶液反萃取，经调节 pH 后进行重蒸馏回收；对浓度低的废液，则用吸附法、溶剂萃取法或氧化分解法处理。如加入次氯酸钠或漂白粉煮后，使酚转化成邻苯二酚、邻苯二醌、顺丁烯二酸，作为一般有机废液处理。

6. 苯废液

含苯废液可以用萃取、吸附富集等方法回收利用，还可以采用焚烧法处理，即将其置于铁器内，在室外空旷地方点燃至完全燃尽为止。

7. 含酸、碱、氧化剂、还原剂及无机盐类有机类废液

先按无机废液的处理方法分别将废液中和；然后若有机类物质浓度大或能分离出有机层者，用焚烧法处理，应保管好残渣。若有机物浓度低或能分离出水层，则用吸附法、溶剂萃取法或氧化分解法进行处理。但是，对易被微生物分解的物质，用水稀释后，即可排放。

这类废液中包含的酸主要有硫酸、盐酸、硝酸等酸类，碱主要有氢氧化钠、碳酸钠、氨等碱类，氧化剂主要有过氧化氢、过氧化物等，还原剂主要有硫化物、联氨等。

8. 含重金属等物质的有机废液

先将其中的有机质分解，再作为含重金属的无机类废液进行处理（重金属离子沉淀后排放）。

9. 含磷有机废液

因含难燃烧物质多，不易燃烧。对浓度高的废液要与可燃物质混合焚烧处理；对浓度低的废液，经水解或溶剂萃取后，用吸附法进行处理。

此类废液主要有磷酸、亚磷酸、硫代磷酸及磷酸酯类、磷化氢类以及含磷农药等物质。

10. 含天然及合成高分子化合物的废液

此类废液包括含有聚乙烯、聚乙烯醇、聚苯乙烯、聚二醇等合成高分子化合物以及蛋白质、木质素、纤维素、淀粉、橡胶等天然高分子化合物的废液。对其含有可燃性物质的废液，用焚烧法处理；对难以焚烧的物质及含水的低浓度废液经浓缩后，将其焚烧；但对蛋白质、淀粉等易被微生物分解的物质，其稀溶液不经处理即可排放。

第五节　实验室生物类废弃物的处理

生物类废弃物应根据其特性专人分类收集，进行消毒、烧毁处理，日产日清。培养过微生物的琼脂平板应采用压力灭菌 30 分钟，趁热将琼脂倒弃处理，未经有效处理的固体废弃培养基不能作为日常生活垃圾处置。液体废弃物一般可加漂白粉进行氯化消毒处理，菌液等需用 15% NaClO 消毒 30 分钟，稀释后排放，最大限度减轻对周围环境的影响。尿液、唾液、血液、分泌物等生物样本加漂白粉搅拌反应 2~4 小时后，倒入化粪池或厕所，或进行焚烧处理。

固体可燃性废弃物分类收集、整理、焚烧处理；固体非可燃性废弃物分类收集，先加漂白粉氯化消毒，满足消毒条件后做最终处理。除此以外，还应减少资源浪费，尽量回收和综合利用。如生物实验过程中可重复利用的玻璃器材如玻片、玻璃滴管、玻璃瓶等可用 1~3g 有效氯溶液浸泡 2~6 小时，清洗重新使用，或者废弃；盛放标本的玻璃、塑料、搪瓷容器煮沸 15 分钟或者用 1000mg/L 有效氯漂白粉澄清液浸泡 2~6 小时，清洗后可重新使用；微生物培养用过的器皿，压力蒸汽灭菌后还可使用。无法重复使用的器材，尤其是皮下注射用针头、手术刀及破碎玻璃等锐器，应收集在带盖的不易刺破的容器内，当达容量的 3/4 时，送焚烧站焚烧毁形后掩埋处理。对于用过的一次性物品，如手套、帽子、工作服、口罩，以及塑料吸管、离心管、注射器、包装材料等，应放入污物袋内集中烧毁。

另外，无论在动物房还是实验室，废弃的实验动物尸体或器官必须及时按要求消毒，并用专用塑料袋密封后冷冻储存，统一送有关部门集中焚烧，禁止随意丢弃；严禁随意堆放动物排泄物，与动物有关的垃圾必须存放在指定的塑料垃圾袋内，并及时用过氧乙酸消毒处理后方可运离实验室。

高级别生物安全实验室的污染物和废弃物的排放首要原则是必须在实验室内对所有废弃物进行净化、高压灭菌或焚烧，确保感染性生物子的"零排放"。

过期的生物性试剂材料应废弃，禁止使用。

第六节　实验室放射性废弃物的处理

放射性废弃物按其物态可分为固体废弃物、液体废弃物和气载废弃物。采用一般的物理、化学及生物学方法都不能将放射性废弃物中的放射性物质消灭或破坏，只有通过放射性核素的自身衰变才能使其放射性衰减到一定水平。所以它们的处理要根据废弃物的特性做相应处理，不使放射性物质对环境造成危害。

放射性固体废弃物主要指被放射性物质污染而不能再用的各种物体。如带放射性核素的试纸、废注射器、安瓿瓶、辅料、实验动物尸体及其排泄物等。须贮存起来让其放射性衰变或等待处理，处理方法主要有焚烧法或埋存法。

放射性液体废弃物包括含放射性核素的残液、患者用药后的呕吐物和排泄物、清洗器械的洗涤液及污染物的洗涤水等。若其放射性水平符合国家放射性污染排放标准可将其排入下水道，但不能使其造成放射性物质积累而超标。液体放射性废弃物的处理主要有稀释法、放置法及浓集法。稀释法是用大量水将放射性废液稀释，再排入下水道，适用于量不多且浓度不高的放射性废液。浓集法是采用沉淀、蒸馏或离子交换等措施，将大部分本身不具放射性的溶剂与其中所含的放射性物质分开，使溶剂可以排入下水道，浓集的放射性废弃物再做其他处理。

放射性废气通常会先进行预过滤，再高效过滤后排出。如废气中 I^{131} 排放之前应先用液体溶液吸收，或用固体材料吸附，高效过滤后再排入大气。滤膜定期更换，并作固体放射性废弃物处理。

本章测试

（一）判断题

1. 高校实验室科研教学活动中产生和排放的废气、废液、固体废物、噪声、放射性等污染物，应按环境保护行政主管部门的要求进行申报登记、收集、运输和处置。严禁把废气、废液、废渣和废弃化学品等污染物直接向外界排放。（　　）

2. 危险废弃物是指有潜在的生物危险、可燃易燃、腐蚀、有毒、放射性，对人和环境有害的一切废弃物。（　　）

3. 对危险废物的容器和包装物以及收集、贮存、运输、处置危险废物的设施、场所，必须设置危险废物识别标志。（　　）

4. 危险性废液应进行分类，严禁将不同类别的废液混装在同一个容器中。装有危废的容器必须具有明显的标识，标识上应注明该危废的名称和组成。（　　）

5. 收集、贮存危险废物，必须按照危险废物特性分类进行。禁止混合收集、贮存、运输、处置性质不相容而未经安全性处置的危险废物。（　　）

6. 针头、玻璃、一次性手术刀等利器应在使用后放在耐扎容器中，尖利物容器应在内容物达到三分之二前进行置换处置。（　　）

7. 实验室产生的危险性废液必须回收，并集中存放，不可随意倒入下水道，由学校统一收集。由专门机构负责无害化处理，使其变为无害物质，尽量减少对环境的污染。（　　）

8. 实验室的废液可以放入同一个废液桶中进行处理。（　　）

9. 实验中产生的废液、废物应分类集中处理，不得任意排放；对未知废料不得任意混合。酸、碱或有毒物品溅落时，应及时清理及进行无毒化处理。（　　）

10. 一些低毒、无毒的试验废液可以不经处理，直接由下水道排放，对环境不会产生污染。（　　）

11. 实验室内的浓酸、浓碱如果不经处理，沿下水道流走，对管道会产生很强的腐蚀，又造成环境的污染。废弃固体物质不可直接倒入普通垃圾桶。（　　　）

12. 有机废物、浓酸或浓碱废液等倒入水槽，只要加大量的自来水将之冲稀即可。（　　　）

13. 危险废物可以混入非危险废物中贮存或混入生活垃圾中贮存。（　　　）

14. 实验产生或剩余的易挥发物，可以倒入废液缸内。（　　　）

15. 回收不便时可以将实验室废弃物掩埋处理。（　　　）

16. 过期的、不知名的固体化学药品可自行处理。（　　　）

17. 易燃固体必须与氧化剂分开存放。（　　　）

18. 化学试剂空瓶不可与生活垃圾桶一起堆放，也应同化学废液一起交专业部门统一处理。（　　　）

19. 对产生少量有毒气体的实验应在通风橱内进行。通过排风设备将少量毒气排到室外（使排出气在外面大量空气中稀释），以免污染室内空气。产生毒气量大的实验必须备有吸收或处理装置。（　　　）

20. 水银泄漏时的正确处理方法是：将洒落的水银集中收集到容器中，用水覆盖，密闭保存。然后在污染处撒上硫黄粉、多硫化钙等使汞生成不挥发的难溶盐。（　　　）

21. 在使用汞的装置下面应放一搪瓷盘，以免不慎将汞洒在地上。（　　　）

（二）单选题

1. 处理实验室内的浓酸、浓碱，一般可（　　　）

    A. 先中和后倾倒，并用大量的水冲洗管道

    B. 不经处理，沿下水道流走

    C. 不需中和，直接向下水道倾倒

    D. 直接焚烧

2. 废弃的有害固体药品，应（　　　）

    A. 不经处理解毒后就丢弃在生活垃圾处

    B. 经处理解毒后，才可丢弃在生活垃圾处

    C. 收集起来由专业公司处理

    D. 直接焚烧

3. 能相互反应产生有毒气体的废液，应（　　　）

    A. 随垃圾丢弃

    B. 向下水道倾倒

    C. 不得倒入同一收集桶中

    D. 用大量水稀释后，倒入下水道

4. 用过的废洗液应（　　　）处理

    A. 直接倒入下水道

    B. 作为废液交相关部门统一处理

  C. 可以用来洗厕所

  D. 用大量水稀释后，倒入下水道

5. 在实验内容设计过程中，要尽量选择（ ）

  A. 无公害、无毒或低毒的物品

  B. 实验的残液、残渣较多的物品

  C. 实验的残液、残渣不可回收的物品

  D. 价钱便宜的物品

6. 若某种废液倒入回收桶会发生危险，则应（ ）

  A. 直接向下水道倾倒

  B. 随垃圾一起丢弃

  C. 单独暂存于容器中，并贴上标签

  D. 先中和，再倒入下水道

7. 实验室"三废"是指（ ）

  A. 废气、废液、固体废物

  B. 废气、废屑、非有机溶剂

  C. 废料、废品、废气

  D. 废液、废渣、剩余药品

8. 学校对危险化学废物的处理的工作原则是（ ）

  A. 自行处理

  B. 分类收集、定点存放、专人管理、集中处理

  C. 当作生活垃圾处理

  D. 集中收集在一起

9. 剧毒物品使用完或残存物处理完的空瓶，应（ ）

  A. 随生活垃圾丢弃

  B. 严禁随意丢弃，须放回原处，妥善保管，待学校相关部门统一处理。

  C. 与普通废液一起处理

  D. 倒入下水道冲走

10. 对危险废物的容器和包装物以及收集、贮存、运输、处置危险废物的设施、场所，必须（ ）

  A. 设置危险废物识别标志

  B. 不用设置识别标志

11. 随手使用的手纸、饮料瓶等垃圾应该（ ）

  A. 扔桌子上   B. 扔地上

  C. 交给老师   D. 扔垃圾桶

12. 实验室产生的针头、刀片、碎玻璃等容易刺伤或割伤人体的尖锐废弃物应收集在（ ）

  A. 普通垃圾桶   B. 利器盒或坚硬的容器内

C. 普通垃圾袋   D. 纸盒子

13. 实验室内的汞蒸气会造成人员慢性中毒，为了减少汞液面的蒸发，可在汞液面上覆盖（　　）

    A. 水   B. 甘油

    C. 5% Na_2S 水溶液   D. 湿抹布

14. 未反应完的活泼金属残余物应（　　）

    A. 连同溶剂一起作为废液处理

    B. 缓慢滴加无水乙醇，将所有金属反应完毕后，整体作为废液处理

    C. 将金属取出暴露在空气中使其氧化完全

    D. 重新浸泡在煤油或石蜡中

15. 当有汞（水银）溅失时，应（　　）

    A. 用水擦   B. 用拖把拖

    C. 扫干净后倒入垃圾桶

    D. 收集水银，用硫黄粉盖上并统一处理。

（三）多选题

1. 实验室的废液应（　　）

    A. 直接向环境排放废液

    B. 未经处理不应随意向环境排放有毒、有害废物

    C. 分别收集，集中预处理，将毒害降低到国家规定的范围，然后排放

    D. 应配备专门的废液回收桶，将废液上交有关部门处理回收

    E. 有毒化学试剂与腐蚀性化学试剂废弃物应根据性质不同分别单独存放

2. 处理使用后的废液时，下列陈述正确的是（　　）

    A. 用剩的液体倒回原瓶中以免浪费

    B. 废液收集起来放在指定位置，统一进行处理

    C. 禁止将水以外的任何物质倒入下水道，以免造成环境污染和处理人员危险

    D. 氢氟酸为弱酸，可以将其废液倒入到浓硫酸收集桶里，但是禁止倒入氢氧化钠桶里

3. 实验过程中的产生的废气处置方法为（　　）

    A. 确认其有害物质浓度低于国家安全排放的要求后再排入大气

    B. 大多数情况都可以直接排入大气

    C. 产生有毒气体的应该在通风橱中进行，必须要有实验废气吸收装置

    D. 有害气体量也不大，应该可以排入大气

4. 实验室所产生的危险化学固态废物是指（　　）

    A. 固态、半固态的化学品和化学废物

    B. 原瓶存放的液态化学品

    C. 化学品的包装材料

D. 一次性手套、滴管

5. 生物实验废弃物的处理方法有（　　）

A. 参照国家颁布的《医疗废弃物管理条例》

B. 收集医疗废弃物使用的容器或专用包装应当符合《医疗废弃物专用包装袋、容器和警示标志标准》的规定

C. 按照国家的相关规定进行分类处理，所有感染性材料必须在实验室内清除污染、高压灭菌灭活

D. 按规定时间将无破损、无渗透的医疗废弃物物专用包装袋等送达学校生物废弃物回收点，由学校统一处理

6. 须放在利器盒中处置的废弃物为（　　）

A. 一次性塑料滴管　　　　　　B. 注射针头

C. 玻璃安瓿　　　　　　　　　D. 手术刀片

7. 废弃物的包装袋或容器应注意的内容有（　　）

A. 装满，以防浪费

B. 自己带过去说明下即可

C. 严密封口

D. 外贴标签、注明名称、主要成分和类别

第八章　化学实验事故应急处理 ▷▷▷

化学实验室是进行实践性教学和开展科学研究的重要场所，集中存放了易燃、易爆及有毒（甚至是剧毒）、腐蚀性等化学物品，并且还会用到热源、电器设备，若操作不当极可能造成事故，发生危险。为了保证事故发生时能迅速有效地应急救援及自救，减少事故对生命和财产的危害、损失，我们应结合化学实验室的实际情况掌握应急处理事故的方法。

第一节　实验室事故处理原则

实验室事故处理的基本原则：以人为本，切断源头，立即报告，统一指挥，快速处置，五先五后。

1. 以人为本

在应对实验室事故的过程中应以人身安全为第一位，始终把实验室使用者的人身安全放在首位，快速反应，积极救助及自救。尤其是救护者要做好个人防护，进入事故区抢救前要做好个人呼吸系统和皮肤系统的防护，穿戴好防毒面具、氧气呼吸器和防护服。

2. 尽快切断事故源头

救护人员进入事故现场后，除对受伤者进行抢救外，应采取果断措施（如关闭管道阀门、堵塞泄漏设备等）切断事故源头，防止事故进一步恶化。及时采取对应措施，为抢救工作创造条件。

3. 立即报告

一旦发生实验室事故，视事故情况及时报告学校或拨打 110 等报警，反映详细情况，如果有人员受伤应及时向 120 急救中心发出求救信息，通知时应尽可能说清是什么事故引起的、受伤人数和大致病情。

4. 统一指挥

学校及实验室管理部门应设置统一的事故紧急应对小组，一旦出现事故可以妥善、高效地展开应急处置工作。可以最大限度地避免和减少人员伤亡和财产损失。

5. 五先五后

即"先救人，后救物""先救治，后处理""先重点，后一般""先施救，后报告"和"先制止，后教育"。

第二节 实验室常见事故的应急处理

一、化学物品中毒的应急处理

(一) 现场应急救护方法

1. 首先将伤者转移到安全地带，解开衣领和袖口，使其呼吸新鲜空气，保证呼吸通畅；脱去污染衣服，彻底清洗污染的皮肤和毛发，但应注意保暖。

2. 实验中沾在皮肤上的有机物应当立即用大量清水和肥皂洗去。

3. 对于呼吸困难或呼吸停止者，应立即进行人工呼吸，有条件时给予吸氧。

4. 心脏骤停者应立即继续胸外心脏按摩术。现场抢救成功的心肺复苏伤者或重症伤者，如昏迷、惊厥、休克、深度青紫等，应立即送医院治疗。

(二) 不同类别中毒的应急处理方法

1. 吸入有毒气体的应急处理方法

若中毒较轻，通常只需要将中毒者转移到室外空气新鲜的地方，解开衣领和纽扣，让中毒者安静休息，必要时让其吸入氧气。待呼吸好转后，立即送医院治疗。若吸入了氯气或者溴蒸气，可用2%~5%碳酸钠溶液雾化吸入、吸氧。

2. 口服化学物品中毒的应急处理方法

(1) 如果是少量化学物品溅入口内，应立即吐出并用大量清水漱口。

(2) 首先，严禁在实验时饮食，试验台附近绝不放置任何食物，试验结束后应彻底洗手、洗脸。如果误吞化学物品，须立即引吐、洗胃及导泻，如伤者清醒而又合作，宜饮大量清水引吐，亦可用药物引吐。对引吐效果不好或者昏迷者，应立即送医院洗胃。

催吐禁忌证包括：昏迷状态；中毒引起抽搐、惊厥未控制之前；误服腐蚀性毒物，催吐有引起食管及胃穿孔的可能；食管静脉曲张、主动脉瘤、溃疡病出血等。孕妇慎用催吐救援。

二、化学药品灼伤的应急处理

化学药品灼伤时，要根据灼伤部位及药品性质采取相应措施。

(一) 眼部灼伤

1. 强酸灼伤的应急处理

强酸溅入眼内，在现场立即就近用大量清水或生理盐水彻底清洗。冲洗时应将头置于水龙头下，或用洗眼器冲洗，使冲洗后的水至伤眼的一侧流下 (见图8-1)，这样既避免水直冲

图8-1 用洗眼器冲洗

眼球，又不至于导致稀释后的酸液进入另一只眼睛。冲洗时应拉开上下眼睑，使酸不致留存眼内和下穹隆形成死腔。如无冲洗设备，可将眼浸入盛清水的盆内，拉开上下眼睑，摆动头部，洗掉酸液，切忌惊慌或因疼痛而紧闭眼睛，冲洗时间不应少于 15 分钟。经上述处理后，立即送医院眼科进行治疗。

2. 强碱灼伤的应急处理

其处理方法与眼部被酸灼伤的冲洗方法相同。彻底冲洗后，可用 2%~3% 硼酸液进一步冲洗。

（二）皮肤灼伤

1. 强酸灼伤皮肤

硫酸、盐酸、硝酸都具有强烈的刺激性和腐蚀作用。硫酸灼伤的皮肤一般呈黑色，硝酸灼伤呈灰黄色，盐酸灼伤呈黄绿色。被酸灼伤后立即用大量流动清水冲洗，冲洗时间一般不少于 15 分钟。彻底冲洗后，可用 2%~5% 碳酸氢钠溶液、淡石灰水、肥皂水等进行中和，切忌未经大量流水彻底冲洗，就用碱性药物在皮肤上直接中和，这会加重皮肤的损伤。处理后创面治疗按灼伤处理原则进行。

2. 碱灼伤皮肤

在现场立即用大量清水冲洗至皂样物质消失，然后用 1%~2% 醋酸或 3% 硼酸溶液进一步冲洗。Ⅱ、Ⅲ 度灼伤可用 2% 醋酸湿敷后，再按一般灼伤进行创面处理和治疗。

3. 氢氟酸灼伤皮肤

氢氟酸对皮肤有强烈的腐蚀性，渗透作用强，对组织蛋白有脱水及溶解作用。皮肤及衣物被腐蚀者，先立即脱去被污染衣物，皮肤用大量流动清水彻底冲洗，继用肥皂水或 2%~5% 碳酸氢钠溶液冲洗，再用葡萄糖酸钙软膏涂敷按摩，然后再用 33% 氧化镁甘油糊剂、维生素 AD 软膏或可的松软膏等。

4. 酚灼伤皮肤

酚与皮肤发生接触者，应立即脱去被污染的衣物，用 10% 酒精反复擦拭，再用大量清水冲洗，直至无酚味为止，然后用饱和硫酸钠湿敷。灼伤面积大，且酚在皮肤表面滞留时间较长者，注意是否存在吸入中毒的问题，应及时送医治疗。

5. 黄磷灼伤皮肤

皮肤被黄磷灼伤时，及时脱去污染衣物，并立即用清水（由五氧化二磷、五硫化磷、五氧化磷引起的灼伤禁止用水洗）或 5% 硫酸铜或 3% 过氧化氢溶液冲洗，再用 5% 碳酸氢钠溶液冲洗，中和所形成的磷酸。然后用 1：5000 高锰酸钾溶液湿敷，或用 2% 硫酸铜溶液湿敷，以使皮肤上残存的黄磷颗粒形成磷化铜。注意：灼伤创面禁用含油敷料。

三、起火与烧伤的应急处理

实验室起火或爆炸时，要立即切断电源，打开窗户，熄灭火源，移开尚未燃烧的可燃物，根据起火或爆炸原因及火势采取不同方法灭火并及时报告。

（一）起火的应急处理方法

1. 地面或实验台面着火，若火势不大，可用湿抹布或砂土扑灭。

2. 反应器内着火，可用灭火毯或湿抹布盖住瓶口灭火。

3. 有机溶剂和油脂类物质着火，火势小时，可用湿抹布或砂土扑灭，或撒上干燥的碳酸氢钠粉末灭火；火势大时，必须用二氧化碳灭火器、泡沫灭火器或四氯化碳灭火器扑灭。

4. 如遇电线或仪器设备起火，切勿用水灭火。应立即切断电源，用沙土或灭火毯覆盖着火处，必要时使用二氧化碳或四氯化碳灭火器灭火（四氯化碳蒸气有毒，四氯化碳灭火器多已弃用，如需使用，应在空气流通的情况下使用）。

5. 仪器设备在使用过程中若出现高热、异味、异响、打火、接触不良等异常情况时，必须立即停止操作，关闭电源，及时报告管理人员查找原因。

6. 金属钾、钠或锂着火时，绝对不能用水、泡沫灭火器、二氧化碳灭火器、四氯化碳灭火器灭火，可用干砂、石墨粉扑灭。

（二）烧伤的应急处理方法

1. 迅速脱离致伤源

迅速脱去着火的衣服，或用水浇灌，或卧倒打滚熄灭火焰。切忌奔跑喊叫，以防增加头面部、呼吸道损伤。

2. 立即冷疗

冷疗是用冷水冲洗、浸泡或湿敷。为了防止发生疼痛和损伤细胞，烧伤后应迅速采用冷疗的方法。6 小时内有较好效果。冷却水的温度应控制在 10~15℃ 为宜，冷却时间至少要 0.5~2 小时。对于不便洗涤的脸及躯干等部位，可用自来水润湿 2~3 条毛巾，包上冰片，把它敷在烧伤面上，并经常移动毛巾，以防同一部位过冷。若患者口腔疼痛，可口含冰块。

3. 保护创面

现场烧伤创面无需特殊处理。尽可能保留水疱皮完整，不要撕去腐皮，同时用干净的被单进行简单包扎即可。创面忌涂有颜色药物及其他物质，如龙胆紫、红汞、酱油等，也不要涂膏剂，如牙膏等，以免影响对创面深度的判断和处理。

4. 镇静止痛

严格按照医生要求，由医护人员进行处理。

5. 液体治疗

烧伤面积达到一定程度，患者可能发生休克。若伤者出现口渴饮水的早期休克症状，可少量饮用淡盐水，一般一次口服不宜超过 50mL。不要让伤者大量饮用白开水或糖水，以防胃扩张或脑水肿。深度休克等情况必须紧急入院治疗。

6. 转送治疗

原则上就近急救，若遇危重患者，当地无条件救治，需及时转送至条件好的医院。

四、烫伤的应急处理

烫伤时，为了防止发生疼痛和细胞损伤，作为急救处理措施，冷却是最为重要的，处理方法同烧伤。其他还有：

1. 实验中被高温烫伤时不能用水冲洗伤口，化合物灼烧皮肤或溅入眼睛后应及时用去离子水冲洗。

2. 轻度烫伤，可涂上苦味酸或烫伤软膏。

3. 中度烫伤，属于真皮损伤，局部红肿疼痛，有大小不等的水疱，可用消毒后的针刺破水泡后涂上烫伤膏后包扎。

4. 严重烫伤，如伤势较重，不能涂烫伤软膏等油脂类药物，可撒上纯净的碳酸氢钠粉末，并立即送医院治疗。

在治疗烫伤时应注意：如果在烫伤面上涂抹油或硫酸锌油一类物品易细菌感染；消毒时要用洗必泰（氯己定）或硫汞溶液，涂抹红汞溶液易导致难以观察烫伤表面。

五、冻伤的应急处理

冻伤是由低温寒冷侵袭引起的身体损伤。轻度冻伤时，皮肤会出现红肿不适感，数小时后即会恢复正常；中度冻伤时，皮肤表面会产生水疱；严重冻伤时，皮肤会出现溃烂。

在作应急处理时，首先需要脱离低温环境，除去潮湿的衣物，把冻伤部位放入温水（不要超过 40℃）浸泡 20~30 分钟。恢复到正常温度后，仍需把冻伤部位抬高，在正常温度下不需要绷带包扎，若没有热水则可用体温如手、腋下将其捂暖，也可适量饮用含酒精饮料来使身体暖和。切记用雪、冰水摩擦取暖，同时注意不可做运动。

六、玻璃割伤的应急处理

化学实验室中最常见的外伤是由玻璃仪器或玻璃管破碎引发的。作为紧急处理，首先应止血，以防大量流血引起休克。原则上可直接压迫损伤部位进行止血。即使损伤动脉，也可用手指或纱布直接压迫损伤部位止血。

由玻璃片或试管等造成的外伤，首先必须检查伤口内有无玻璃碎片，以防压迫止血时将碎玻璃片压深。若有碎片，应先用镊子将玻璃碎片取出，再用消毒棉和硼酸溶液或双氧水洗净伤口，最后涂上红汞或碘酒（两者不能同时使用）并包扎。若伤口太深，流血不止，可在伤口上方约 10cm 处用纱布扎紧，压迫止血，并立即送医院治疗。

七、触电的应急处理

如果遇到触电情况，要沉着冷静，针对不同伤情采取相应的急救方法，争分夺秒，直至医护人员到来。触电急救的要点是动作迅速，救护得法。发现有人触电，首先要使触电者尽快脱离电源，然后根据具体情况，进行相应的救治。

(一) 脱离电源

1. 如开关箱在附近，可立即拉下电闸开关或拔掉插头，断开电源。

2. 如距离电闸开关较远，应迅速用绝缘良好的电工钳或有干燥木柄的利器（刀、斧、锹等）砍断电线，或用干燥的木棒、竹竿、硬塑料管等迅速将电线拨离触电者。

3. 若现场无任何合适的绝缘物可利用，救护人员亦可用几层干燥的衣服将手包裹好，站在干燥的木板上，拉触电者的衣服，使其脱离电源。

4. 对高压触电，应立即通知有关部门停电，或迅速拉下电闸开关，或由有经验的人员采取特殊措施切断电源。

(二) 对症救治

对于触电者，可按以下三种情况分别处理：

1. 对触电后神志清醒者，要有专人照顾、观察，情况稳定后，方可正常活动；对轻度昏迷或呼吸微弱者，可针刺或掐人中、十宣、涌泉等穴位，并送医院救治。

2. 对触电后无呼吸但心脏有跳动者，应立即采用口对口人工呼吸；对有呼吸但心脏停止跳动者，则应立刻进行胸外心脏挤压法进行抢救，并拨打 120 急救电话。

3. 如触电者心跳和呼吸都已停止，则须同时采取人工呼吸和俯卧压背法、仰卧压胸法、心脏挤压法等措施交替进行抢救，并拨打 120 急救电话。

（1）人工呼吸：将伤员下颌托起，捏住鼻孔，急救者深吸气后，紧贴伤员的口，用力将气吹入，看到伤员胸壁扩张后停止吹气，之后迅速离开嘴，如此反复进行，每分钟约 20 次。如果伤员的口腔紧闭不能撬开时，也可用口对鼻吹气法（图 8-2）。

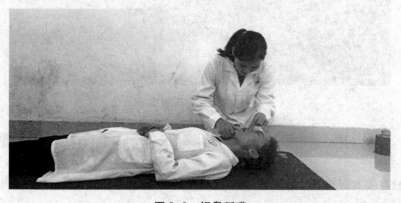

图 8-2 捏鼻掰嘴

（2）俯卧压背法：被救者俯卧，头偏向一侧，一臂弯曲垫于头下。救护者两腿分开，跪跨于病人大腿两侧，两臂伸直，两手掌心放在病人背部。拇指靠近脊柱，四指向外紧贴肋骨，以身体重量压迫病人背部，然后身体向后，两手放松，使病人胸部自然扩张，空气进入肺部。按照上述方法重复操作，每分钟 16~20 次（图 8-3）。

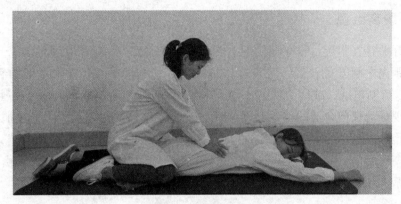

图 8-3　俯卧压背法

（3）仰卧压胸法：被救者仰卧，背后放上一个枕垫，使胸部突出，两手伸直，头侧向一边。救护者两腿分开，跪跨在病人大腿上部两侧，面对病人头部，两手掌心压放在病人的胸部，大拇指向上，四指伸开，自然压迫病人胸部，肺中的空气被压出。然后把手放松，病人胸部依其弹性自然扩张，空气进入肺内。这样反复进行，每分钟 16~20次（图 8-4）。

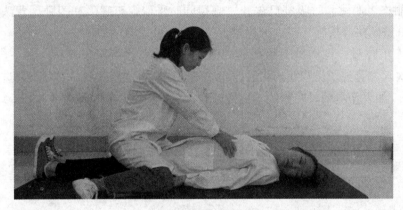

图 8-4　仰卧压胸法

（4）心脏挤压法：触电者心跳停止时，必须立即用心脏挤压法进行抢救，具体方法如下。

①将触电者衣服解开，使其仰卧在地板上，头向后仰，姿势与口对口人工呼吸法相同。

②救护者跪跨在触电者的腰部一侧，两手相叠，手掌根部放在触电者心口窝上方，胸骨下 1/3 处。

③掌根用力垂直向下，向脊背方向挤压，对成人应压陷 3~4cm，每秒钟挤压 1 次，每分钟挤压 60 次为宜。

④挤压后，掌根迅速全部放松，让触电者胸部自动复原，每次放松时掌根不必完全离开胸部。

上述步骤反复操作。如果触电者的呼吸和心跳都停止了，应同时进行口对口人工呼吸和胸外心脏挤压。如果现场仅一人抢救，两种方法应交替进行。每吹气 2~3 次，再挤压 10~15 次（图 8-5）。

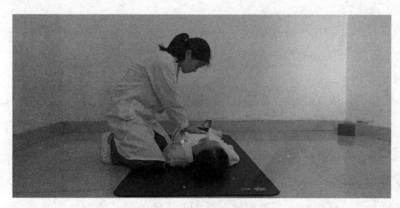

图 8-5　心脏挤压法

八、放射事故的应急处理

放射事故是指放射性同位素因丢失、被盗或者射线装置失控导致的工作人员或者公众受到意外、非自愿的异常照射。放射事故一般按类别分为人员受到超剂量照射事故和放射性物质丢失事故。

（一）放射事故的应急处理原则

放射性事故发生的原因不同，影响程度不一，现场涉及的对象和引起的后果都各不相同，不论是何种放射事故，处理时都应遵循以下原则：

1. 迅速控制或消除事故源，防止事故蔓延。

2. 及时处理。一旦发生事故，应在监督部门的指导下，迅速采取有效措施，及时组织人力、物力，制定合理的处理方案。在制定有效的处理措施之前，应利用现有条件迅速采取必要措施，减少和控制事故危害。

3. 控制社会影响。放射事件无论大小都会给工作人员及周围居民造成身体和心理上的影响，在处理过程中应本着实事求是的态度，恰当运用宣传舆论工具，尽量降低社会负面影响。

4. 受照射剂量的控制。参加事故处理的工作人员均应做到在范围内尽量减少辐射，做好事故处理工作中的异常照射剂量检测。

（二）常见放射事故的应急处理

1. 非密封源事故

主要是污染事故导致周围人员受到超剂量照射。主要措施是首先控制污染，禁止无关人员出入污染现场，以防止污染范围扩大。

（1）发生工作场所、地面、设备污染事故时，首先要确定污染的核素、范围、水平，尽快采取相应的去污措施，防止事故扩大、蔓延，避免食品、水源等受到污染。

（2）发生放射性气体、气溶胶或者粉尘污染空气事故时，应根据监测数据采取相应通风换气、过滤空气等净化措施。

（3）当人员皮肤、伤口被污染时，应迅速去除污染物并给予医学处理，对体内摄入放射性元素者应采取相应的医学处理措施。

2. 密封源事故

多因放射源丢失或安全运行系统失控而使人员受到异常照射。处理的主要措施是控制放射源。

（1）机械失控时，应制定合理方案及时排除故障，使放射源回到原来有效的防护措施之下。

（2）若密封源丢失，要采取各种必要措施尽快追回放射源。在处理放射事故前，应制定合理的方案，尽量缩短工作人员在事故现场的时间，控制异常照射总剂量。

（3）射线装置事故，即射线装置是需要高压产生射线的，若出现问题首要措施就是切断电源，即可停止照射，此类装置应及时检修，并进行输出计量校准。

本章测试

（一）判断题

1. 做危险化学实验时应配带各种眼镜进行防护，包括戴隐形眼镜。（　　）

2. 急性中毒发生时，救护人员在抢救前要做好自身呼吸系统和皮肤的防护，以免自身中毒、使事故扩大。（　　）

3. 中毒事故中救护人员进入现场，应先抢救中毒者，再采取措施切断毒物来源。（　　）

4. 碱灼伤后应立即用大量水洗，再以1%~2%硼酸液洗，最后用水洗。（　　）

5. 发生危险化学品事故后，应该向上风方向疏散。（　　）

6. 电路或电器着火时，使用二氧化碳灭火器灭火。（　　）

7. 在着火和救火时，若衣服着火，要赶紧跑到空旷处用灭火器扑灭。（　　）

8. 当酸或碱溅入眼睛时，不必采取应急处理，只要立即送附近医院救治。（　　）

9. 当被烧伤时，正确的急救方法应该是以最快的速度用冷水冲洗烧伤部位。（　　）

10. 皮肤烧伤后如有水疱，应及时将水疱刺破，以利恢复。（　　）

11. 误食了有毒化学品，要吃适量催吐剂尽快将其吐出来。（　　）

12. 万一发生化学品泄漏事故，可用防毒面具、防毒口罩和捂湿毛巾等方法防止其通过呼吸道造成伤害。（　　）

13. 为避免皮肤受到化学品伤害，可通过穿防毒衣，戴防护手套，穿雨衣、雨鞋等方法进行防护。（　　）

14. 进行化学类实验，应戴防护镜。（　　）

15. 发生化学事故后，对有毒的衣物应及时进行无毒化处理。（　　）

16. 皮肤接触活泼金属（如钾、钠），可用大量水冲洗。（　　）

17. 溴灼伤皮肤，立即用乙醇洗涤，然后用水冲净，涂上甘油或烫伤油膏。（　　）

18. 使用剧毒药品时应该配备个人防护用具，做好应急援救预案。（　　）

19. 凡进行有危险性的实验，应先检查防护措施，确保防护妥当后，才可进行实验。（　　）

（二）单选题

1. 万一发生电气火灾，首先应该采取的第一条措施是（　　）
   A. 打电话报警　　　　B. 切断电源　　　　C. 扑灭明火　　　　D. 求援

2. 具有下列哪些性质的化学品属于化学危险品（　　）
   A. 爆炸　　　　　　　　　　　　B. 易燃、腐蚀、放射性
   C. 毒害　　　　　　　　　　　　D. 以上都是

3. 化学危险药品对人身会有刺激眼睛、灼伤皮肤、损伤呼吸道、麻痹神经、燃烧爆炸等危险，一定要注意化学药品的使用安全，以下不正确的做法是（　　）
   A. 了解所使用的危险化学药品的特性，不盲目操作，不违章使用
   B. 妥善保管身边的危险化学药品，做到标签完整，密封保存；避热、避光、远离火种
   C. 室内可存放大量危险化学药品
   D. 严防室内积聚高浓度易燃易爆气体

4. 实验室电器设备所引起的火灾，应（　　）
   A. 用水灭火　　　　　　　　　　B. 用二氧化碳或干粉灭火器灭火
   C. 用泡沫灭火器灭火　　　　　　D. 用砂子灭火

5. 有人触电时，使触电人员脱离电源的错误方法是（　　）
   A. 借助工具使触电者脱离电源　　B. 抓触电人的手
   C. 抓触电人的干燥外衣　　　　　D. 切断电源

6. 有机物或能与水发生剧烈化学反应的药品着火，应用（　　），以免扑救不当造成更大损害。
   A. 其他有机物灭火　　　　　　　B. 自来水灭火
   C. 灭火器或沙子扑灭　　　　　　D. 湿抹布

7. 实验过程中发生烧烫（灼）伤，错误的处理方法是（　　）
   A. 浅表的小面积灼伤，以冷水冲洗 15~30 分钟至散热止痛
   B. 以生理食盐水擦拭（勿以药膏、牙膏、酱油涂抹或以纱布盖住）
   C. 若有水疱可自行刺破

D. 大面积的灼伤，应紧急送至医院

8. 眼睛被化学品灼伤后，首先采取的正确方法是（　　　）

　　A. 点眼药膏

　　B. 立即开大眼睑，用清水冲洗眼睛

　　C. 马上到医院看急诊

　　D. 用手揉眼

9. 以下物质引起的皮肤灼伤禁用水洗的是（　　　）

　　A. 五氧化二磷　　　　　　　　　　B. 五硫化磷

　　C. 五氯化磷　　　　　　　　　　　D. 以上都是

10. 强碱烧伤处理错误的是（　　　）

　　A. 立即用稀盐酸冲洗

　　B. 立即用 1%~2%的醋酸冲洗

　　C. 立即用大量水冲洗

　　D. 先进行应急处理，再去医院处理

11. 容器中的溶剂或易燃化学品发生燃烧应（　　　）

　　A. 用灭火器灭火或加砂子灭火

　　B. 加水灭火

　　C. 用不易燃的瓷砖、玻璃片盖住瓶口

　　D. 用湿抹布盖住瓶口

12. 试剂或异物溅入眼内，处理措施正确的是（　　　）

　　A. 溴：大量水洗，再用 1%$NaHCO_3$溶液洗

　　B. 酸：大量水洗，用 1%~2%$NaHCO_3$溶液洗

　　C. 碱：大量水洗，再以 1%硼酸溶液洗

　　D. 以上都对

13. 以下是酸灼伤的处理方法，其顺序为：①以 1%~2%$NaHCO_3$溶液洗。②立即用大量水洗。③送医院（　　　）

　　A. ①③②　　　　　　B. ②①③　　　　　　C. ③①②　　　　　　D. ③②①

14. 当不慎把少量浓硫酸滴在皮肤上（在皮肤上没形成挂液）时，正确的处理方法是（　　　）

　　A. 用酒精棉球擦　　　　　　　　　B. 不作处理，马上去医院

　　C. 用碱液中和后，用水冲洗　　　　D. 用水直接冲洗

15. 在火灾初发阶段，应采取的撤离方法为（　　　）

　　A. 乘坐电梯

　　B. 用湿毛巾捂住口鼻从安全通道撤离

　　C. 跳楼逃生

　　D. 跑到楼顶呼救

16. 被火困在室内时，逃生方法是（　　　）

A. 跳楼

B. 到窗口或阳台挥动物品求救、用床单或绳子拴在室内牢固处下到下一层逃生

C. 躲到床下，等待救援

D. 打开门，冲出去

17. 金属钾、钠、锂、钙、电石等固体化学试剂，遇水即可发生激烈反应，并放出大量热，也可产生爆炸，它们应（　　）

A. 直接放在试剂瓶中保存

B. 浸没在煤油中保存（容器不得渗漏），附近不得有盐酸、硝酸等散发酸雾的物质存在

C. 用纸密封包裹存放

D. 放在铁盒子里

18. 金属钠着火可采用的灭火方式有（　　）

A. 干砂　　　　　　　　　　　　B. 水

C. 湿抹布　　　　　　　　　　　D. 泡沫灭火器

19. 铝粉、保险粉自燃时扑救方法为（　　）

A. 用水灭火　　　　　　　　　　B. 用泡沫灭火器

C. 用干粉灭火器　　　　　　　　D. 用干砂子灭火

20. 溶剂溅出并燃烧应（　　）处理

A. 马上使用灭火器灭火

B. 马上向燃烧处盖砂子或浇水

C. 马上用石棉布盖住燃烧处，尽快移去临近的其他溶剂，关闭热源和电源，再灭火

D. 以上都对

21. 以下是溴灼伤处理方法，①送医院，②立即用大量水洗，③用乙醇擦至灼伤处为白色，其顺序为（　　）

A. ②③①　　　　　　　　　　　B. ②①③

C. ③②①　　　　　　　　　　　D. ①②③

22. 2,4-二硝基苯甲醚、萘、二硝基萘等可升华固体药品燃烧应（　　）

A. 用灭火器灭火

B. 火灭后还要不断向燃烧区域上空及周围喷雾水

C. 用水灭火，并不断向燃烧区域上空及周围喷雾水至可燃物完全冷却

D. 以上都是

各章测试答案

第二章　化学实验室基础安全设施与防护

（一）判断题

1. ×　2. ×　3. ×　4. ×　5. √

（二）单选题

1. D　2. C　3. D　4. C　5. B　6. D

第三章　实验室用水，用电安全

（一）判断题

1. √　2. ×　3. ×　4. ×　5. √　6. ×　7. √　8. √　9. √　10. √　11. ×　12. √
13. ×

（二）单选题

1. B　2. D　3. B　4. A　5. A　6. D　7. B

第四章　实验室消防安全

（一）判断题

1. √　2. ×　3. √　4. √　5. √　6. √　7. ×　8. ×　9. ×　10. √　11. √　12. √
13. √

（二）单选题

1. B　2. B　3. C　4. A　5. D　6. A　7. C　8. D　9. C　10. D　11. C　12. C　13. C
14. B　15. A　16. A　17. A　18. C　19. A

（三）多选题

1. ABCD　2. CD　3. ABD

第五章　危险化学品安全

（一）填空题

1. √　2. √　3. √　4. √　5. √　6. √　7. √　8. √　9. √　10. √　11. √ 12. √

（二）单选题

1. A　2. A　3. B　4. C　5. D

（三）多选题

1. ABC　2. DE　3. AD　4. ABD　5. CD　6. ACD　7. AC　8. BD　9. AC　10. BD 11. AB　12. CD　13. BC

第六章　化学实验室安全操作

（一）单选题

1. A　2. D　3. A　4. C　5. D　6. D　7. D　8. C　9. C

（二）多选题

1. ABC　2. ABCD　3. ABCDE

第七章　实验室废弃物的安全处理

（一）判断题

1. √　2. √　3. √　4. √　5. √　6. √　7. √　8. ×　9. √　10. ×　11. √　12. × 13. ×　14. ×　15. ×　16. ×　17. √　18. √　19. √　20. √　21. √

（二）单项选择题

1. A　2. C　3. C　4. B　5. A　6. C　7. A　8. B　9. B　10. A　11. D　12. B　13. B 14. B　15. D

（三）多项选择题

1. BCDE　2. BC　3. AC　4. ABCD　5. ABCD　6. BCD　7. CD

第八章　化学实验事故的防护与应急处理

（一）判断题

1. ×　2. √　3. ×　4. √　5. √　6. √　7. ×　8. ×　9. √　10. ×　11. ×　12. √
13. √　14. √　15. √　16. ×　17. √　18. √　19. √

（二）单选题

1. B　2. D　3. C　4. B　5. B　6. C　7. C　8. B　9. D　10. A　11. A　12. D　13. B
14. D　15. B　16. B　17. B　18. A　19. D　20. C　21. A　22. D

参考文献

［1］彭松，林辉．有机化学实验［M］．3版．北京：中国中医药出版社，2013．

［2］李恩敬，黄士堂．高等学校实验室用电安全管理［J］．实验室科学，2016，(19)：254-256．

［3］黄凯．北京大学实验室安全教育体系建设的探索与实践［J］．实验技术与管理，2013，30 (8)：1-4．

［4］张浩，张雅．强化电气设备管理确保用电安全［J］．河南科技，2014，(20)：220-221．

［5］吴林根，王国兴．高校实验室安全全过程管理的探索——以南京林业大学为例［J］．中国林业教育，2014，(2)：33-36．

［6］王娜．谈实验室的安全用电用水问题［J］．中国林业教育，2009，(4)：102-103．

［7］孔庆群．用新制蒸馏水代替重蒸馏水作为实验用水测定水中的 NO_2-N［J］．环境，2009，(22)：11．

［8］赵淑敏．工业通风空气调节［M］．2版．北京：中国电力出版社，2010．

［9］王海文，王燕，张顺江，等．本科生创新实践实验室安全管理对策［J］．实验技术与管理，2019，(3)：212-215．

［10］匡海学．中药化学实验方法学［M］．北京：人民卫生出版社，2013：129-131．

［11］王学利，毛燕．有机化学实验［M］．北京：中国水利水电出版社，2010．

［12］李秉超，明霞，刘晓宇．有机化学实验与习题［M］．北京：中国农业出版社，2006．

［13］符斌，李华昌．分析化学实验室手册［M］．北京：化学工业出版社，2012．

［14］李燕捷．高等院校实验室火灾事故因果建构图分析［J］．实验技术与管理，2012，29 (11)：200-202．

［15］钱伟，胡玉娟．高校理化实验室火灾风险的 AHP 法评估［J］．实验室科学，2011，14 (2)：185-189．

［16］李燕捷．高校普通实验室的消防设施信息管理系统探究［J］．实验研究与探索，2012，33 (1)：279-282．

［17］杨雪，刘德明，丁若莹．高校实验室消防安全管理存在的问题与对策［J］．实验研究与探索，2018，37 (11)：307-310．

［18］姜中良，齐龙浩，马丽云，等．实验室安全基础［M］．北京：清华大学出版

社，2009.

[19] 朱莉娜，孙晓志，弓保津，等．高校实验室安全基础［M］．天津：天津大学出版社，2014.

[20] 赵华绒，方文军，王国平．化学实验室安全与环保手册［M］．北京：化学工业出版社，2013.

[21] 李五一．高等学校实验室安全概论［M］．杭州：浙江摄影出版社，2005.

[22] 谢静，付凤英，朱香英．高校化学实验室安全与基本规范［M］．武汉：中国地质大学出版社，2014.

[23] 李生英，白林，徐飞．无机化学实验.2版．北京：化学工业出版社，2007.

[24] 夏玉宇．化学实验室手册［M］．北京：化学工业出版社，2018.

[25] 陈卫华．实验室安全风险控制与管理［M］．北京：化学工业出版社，2018.

[26] 宋志军，王天舒．图说高校实验室安全［M］．杭州：浙江工商大学出版社，2017.

[27] 赵华绒，方文军，王国平．化学实验室安全与环保手册［M］．北京：化学工业出版社，2018.

[28] 邵国成，张春燕．实验室安全技术［M］．北京：化学工业出版社，2016.

[29] 祝优珍．实验室污染与防治［M］．北京：化学工业出版社，2006.

[30] 金雪明，蒋芸．高校化学实验室废弃物安全管理研究［J］．实验室管理，2018，（10）：72-73.

[31] 吴建波，戴小军，龚波林．开发高校化学废弃物回收实验构建绿色化学实验室［J］．实验技术与管理，2014，31（5）：252-254.

[32] 邓吉平，李羽让，李勤华，等．实验室化学废弃物安全管理的探索与实践［J］．实验室研究与探索，2014，33（1）：281-286.

[33] 周海涛，陈敬德，周勤．高校实验室化学废弃物回收处置［J］．实验室研究与探索，2012，31（8）：460-462.

[34] 钱小明．高校实验室化学废弃物的处理与思考［J］．实验技术与管理，2010，27（2）：158-160.

[35] 罗一凡，汤又文，孙峰，等．高校化学实验室安全管理的探讨［J］．实验技术与管理，2009，26（4）：147-149.

[36] 杨江红．实验室废弃物处理方法探讨［J］．广东化工，2014，41（12）：161-163.

[37] 杨文强．实验室化学废弃物安全处置的探索［J］．化工管理，2014，（8）：214.

[38] 郭云萍．高校实验室化学废弃物的处理方法及对策［J］．湖北函授大学学报，2012，25（5）：127-128.

[39] 张翠粉，徐苏娟．实验室常见化学废弃物的危害及处理［J］．污染防治技术，

2007, 20 (3): 71-72.

[40] 康海丽. 一起实验室急性汞中毒事故的调查 [J]. 环境与职业医学, 2004, 21 (1): 73.

[41] 柯素云. 实验室铅与铬废水的处理研究 [J]. 四川师范学院学报 (自然科学版), 1997, 18 (1): 58-61.

[42] 王斓, 冀学时, 李颖, 等. 实验室化学药品中毒事故的应急处理 [J]. 实验室科学, 2011, 14 (3): 194-196.

[43] 王耿. 物理化学实验安全防护经验总结 [J]. 广东化工, 2014, 41 (14): 227-228.

[44] 李诚, 宋文芳, 陈海燕, 等. 浅谈高校化学实验室事故的应急处理 [J]. 卫生职业教育, 2015, 33 (2): 97.

[45] 周同同. 化学实验室安全现状分析及自我防护 [J]. 化工管理, 2018, 12: 126-127.

[46] 陈雄. 实验室常见安全事故及应急处理办法 [J]. 现代职业安全, 2019 (S1): 64-68.